주의

“마녀의 정원”은 일반적인 정보 제공을 목적으로 하며, 특정한 실천 방법이나 치료 방법을 권장하거나 홍보하지 않는다. 이 책은 질병을 진단하거나 치료, 예방하기 위한 것이 아니며, 의료 전문가의 조언을 대체할 수 없다. 이 책에 수록된 정보를 활용하기 전에 의료 전문가와 상담해야 한다. 의료 전문가의 처방약이나 다른 치료를 대체하기 위해 이 책의 정보를 사용해서는 안 된다. 본 책의 출판사, 큐 왕립 식물원과 엣눈북스 그리고 저자는 본 작품의 내용에 관한 정확성, 완전성, 최신성에 대해 어떠한 보증도 제공하지 않는다. 또한 명시적으로 상품성이나 특정 목적에의 적합성에 대한 암묵적 보증을 포함하여, 이 책 내용을 사용하거나 적용함으로 인해 발생한 부상, 질병, 손상, 책임 또는 손실에 대해서 어떠한 책임도 지지 않는다. 본 책의 출판사, 큐 왕립 식물원과 엣눈북스 그리고 저자는 이 책에서 언급된 식물의 과학적인 정확성이나 권장 가능한 사용 또는 믿음과도 관련이 없으며, 해당 사용법이나 믿음을 후원하거나 지지하지 않는다.

THE WITCH'S GARDEN

This Korean edition is published by arrangement with
Welbeck Publishing Group Limited through Shinwon Agency Co., Seoul.

WITCH'S GARDEN

마녀의 정원

큐 왕립 식물원
신화, 마법 그리고 전통 의학에서의 식물들

저자 · 샌드라 로렌스
번역 · 김지영

저자

샌드라 로렌스 Sandra Lawrence

기자이자 작가 샌드라 로렌스는 인디펜던트 지에 1940년도 스윙 문화에 대한 기사를 기고하면서 집필을 시작하였다. 이후 20년 동안 식물, 여행, 문화유산에 대한 글을 데일리 텔레그램, 가디언, 인디펜던트, 마리끌레르 등 여러 언론 매체에 꾸준히 투고한다. 그녀는 큐 왕립 식물원과 함께 기획한 〈마녀의 정원〉, 〈마법의 버섯〉외 16권의 책을 집필하였다.

큐 왕립 식물원 The Royal Botanic Gardens, Kew

큐 왕립 식물원은 영국 런던 남서부 큐에 있는 왕립 식물원이다. 2003년에 유네스코 세계 유산으로 등록되었다. 전 세계에서 가장 다양하고 많은 종류의 식물과 균류를 보유하고 있다. 1759년 개원한 이래 식물 다양성과 실용 식물학 연구에 공헌해왔다.

번역

김지영

서울외국어대학원대학교 한영과에서 전문 국제회의 통번역을 공부하며, 통역사와 번역가로 활발하게 활동하고 있다. 소중한 기회로 식물에 얽힌 이야기를 나눌 수 있게 되어 기쁘다. 마녀의 정원에 초대된 독자분들께서도 신비하고 새로운 식물 이야기에 매료되어, 길을 걸으며 만나는 모든 꽃들의 이름이 특별해지는 시간이 되길 바란다.

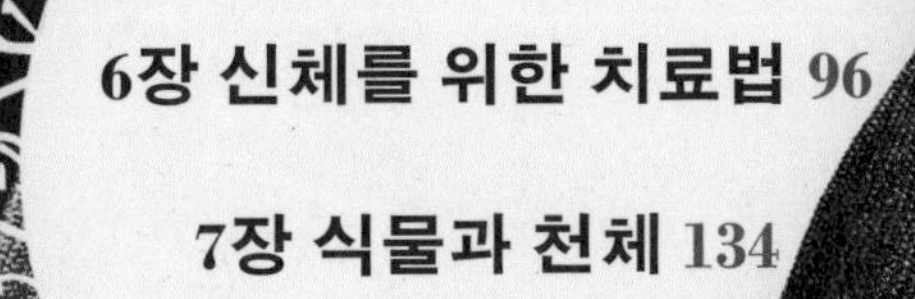

들어가며

마녀의 정원이란 무엇인가? 마법사가 소유한 정원일까? 아니면 악령을 막기 위해 식물을 재배하는 이야기일까? 그렇다면, 우리는 왜 '마녀'를 '악'과 연관 짓는 것일까? 오늘날 많은 사람들이 생각하는 마녀는 즐겁고 이로운 존재다. 하지만 세계의 또 다른 곳에서 마녀란 여전히 두려운 존재이다.

오늘날의 삶이 불안정하다 할지라도, 우리 조상들이 살아낸 삶은 더 위험했으며 신비로웠다. 무엇이 인간을 건강하게 성공하게 부유하게 할지, 또는 사랑받게 만드는지 누가 알았을까? 학자부터 현지 전문가까지 모두가 주변에 있는 자연에서 답을 찾으려고 했고, 바로 식물이 삶을 이해할 수 있는 유일한 단초가 되었다. 약초 재배자, 약제상과 당시 '현명한 여성들'이었던 즉 마녀들은 초기의 학자, 철학자 그리고 과학자들과 비슷한 방식으로 일했다. 또 경험을 기반으로 하여 식물들이 약초로써 어떤 효능이 있는지 시험하였다. 거기에 '영리한 사람들' 그러니까 마녀들은 신비로운 요소를 더하여 식물들이 영적이고 일상적인 삶에서 어떤 역할을 하는지 설명했다. 그렇게 수천 년에 걸쳐 복잡한 민속 전통들은 발전했고, 때로는 세계 각지에서 독립적이면서도 유사한 면들이 발견되었다.

과학과 마법은 항상 종이 한 장 차이였다. 여기에 종교를 더하자 의견과 감정이 더 가열되기 시작했다. 식물은 끊임없이 논쟁거리가 되었다. 문화가 번성하고 쇠락하면서 여신의 식물이라 규정했던 약초가 다시 성자 또는 악마의 식물이 될 수 있었고, 그것을 구분하는 경계 또한 모호해졌다.

예를 들어, 점성술은 기독교 시대까지 의학에서 중요한 의미를 가졌다. 문화가 번성하면서 점성술과 의학이 결합한 이야기들도 늘어났다. 오늘날에도 그 매력적인 이야기는 전해지고 있다.

전통과 미신은 일반적으로 또 지역적으로 쉽게 사라지지 않고 계속 변화했다. 때로 식물의 특성은 지역, 문화 그리고 심지어 개인에 따라 정반대의 해석을 가질 수도 있다.

물론 이 책 한 권으로 복잡하게 얽힌 약초의 역사를 모두 탐구할 수는 없을 것이다. 우리 삶에서 약초가 어떤 역할을 해 왔고, 오늘날 그 위치가 어디까지인지를 설명하는 데는 제한적이다. 이 책은 식물 지식을 매력적으로 이해하게 하는 기본 개념 정도를 다룬다. '마녀의 정원'은 고대에서 시작된 식물에 대한 신념과 관행을 살펴보고, 몇 명의 약초 전문가들, 그리고 한두 개 정도 '큰 에피소드'를 다룰 것이다. 주로 중요한 식물들의 역사적인 용도와 또 그와 모순되는 관련성들에 초점을 맞출 것이다. 이 모든 내용은 영국 런던에 위치한 큐 왕립 식물원에 보관된 자료에서 가져온 아름다운 삽화와 함께 볼 수 있다. 이 책이 여러분을 식물의 세계로 흠뻑 빠져들게 하기를, 그리하여 깊이 있는 독서 경험을 제공하게 되기를 바란다.

— 샌드라 로렌스 Sandra Lawrence

1장

고대 식물

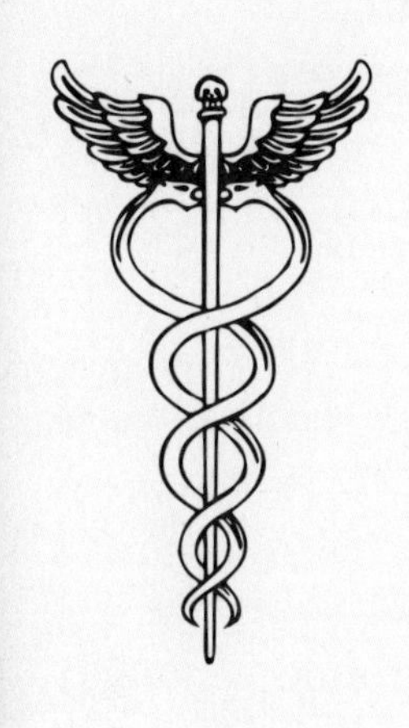

고대 문명하면 떠오르는 강력한 이미지 중에는 식물이 포함되어 있다. 고대 이집트인의 사랑을 받은 것으로 알려진 수련은 벽화, 건축물에서 찾을 수 있으며 심지어 무덤에 보존되어 있기도 하다. 아테네의 젊은이들을 현혹한다는 이유로 사형 집행을 선고받았던 소크라테스가 마신 치명적인 독에는 독당근이 들어 있었다. 올리브 나뭇가지는 올림픽 게임에서 최초로 상으로 수여되었으며, 로마 황제의 면류관도 월계수의 가지와 잎으로 만들어졌다.

**고대 사회에서 지구 자원에 대한 존경은 삶에 필수적이었다.
동물, 광물 그리고 식물은 신의 선물이었으며 가능한 모든 방법으로
숭배되고 사용되었다.**

이집트인의 미라화에 사용되었던 몰약나무(Commiphora myrrha)로부터 얻은 수지, 아즈텍인들이 힘과 정력을 위해 마신 초콜릿, 화상 자국을 진정시키기 위해 하와이 원주민들이 사용한 알로에 등 민간에서 각종 식물을 사용한 방법은 세대를 걸쳐서 방대한 지식의 기반이 되었고, 공동체에서 사용하는 치료법의 데이터베이스로 발전했다.

중국 전통의학은 2000년도 훨씬 넘은 아주 오래전에 시작되었다. 중국 전통의학에는 많은 치료법이 혼합되어 있었는데, 침술, 뜸, 식이요법 그리고 약초 의학이 포함되어 있다. 이 치료법은 상반되는 두 가지, 즉 음과 양의 섬세한 균형을 통해 몸 안의 기를 회복시키는 것이 목적이다. 중국 전통 의학에 따르면, 모든 사람의 기질은 각기 다르기 때문에 기를 유지하기 위해 약초를 신중하게 선택해야 한다. 한방 치료는 네 가지 성질(한, 냉, 온, 열) 그리고 5가지 맛(매운맛, 단맛, 신맛, 쓴맛 그리고 짠맛)으로 구분된다. 각각은 음양의 조화에 영향을 미친다. 예를 들어, 매운맛이 강한 약초는 땀을 배출하는 데 사용되고 쓴맛이 나는 약초는 변비를 완화할 때 사용된다. 세 번째 분류인 경혈은 약초가 몸의 어떤 부분에 작용하는지를 조절한다.

캄포(Kampo)는 중국 의학 개념에 기반을 둔 독특한 특징을 가진 일본 의학이다. 1500년 동안 행해졌으며 여전히 전통적인 치료법으로 사용된다.

힌두 신화, 아유르베다는 동남아시아의 고대 시스템인데, 신들의 의사인 단반타리(Dhanvantari)가 만들었다. 이는 기원전 1500년에서 1000년 사이에 생겨난 종교적인 문서 모음인 베다에서 처음 시작되었다. 중국 의학과 마찬가지로, 아유르베다는 건강을 유지하기 위해 특히 식습관을 중심으로 하는 에너지의 균형을 중요하게 생각했다. 그중 많은 처방은 식물을 기반으로 하는데, 기원전 6세기경의 의사 수슈르타(Sushruta)는 식물을 사용하여 의학을 한 단계 더 발전시켰다. 치료 과정뿐만 아니라 수술에도 식물을 사용한 것이다. 수슈르타는 재건 수술로 유명했는데 특히 최초로 코 성형술을 개발했다. 볼에서 떼어 낸 피부를 나뭇잎으로 길이를 재고, 콧구멍을 피마자 식물(Ricinus communis)의 줄기로 벌린 상태에서 새롭게 만들어진 코를 유럽감초 가루(Glycyrrhiza glabra), 자단향 가루(Pterocarpus santalinus), 유럽매자나무 가루(Berberis vulgaris)를 섞어 흩뿌려서 부착한다. 이식된 피부를 면으로 덧대었고 참기름을 그 위에 발랐다.

고대 그리스인들은 건강한 신체에 건강한 마음이 깃든다는 개념을 받아들였으며, 4체액설(혈액, 점액, 황담, 흑담)을 통해 신체적 정신적 건강을 추구했다. 고대 그리스는 전쟁이 끊이지 않았기 때문에 전쟁 시 입은 부상 치료를 중심으로 의학이 발달했다. 또 올림픽에서 식물의 새로운 용도와 뜻밖의 사용처를 찾아내었는데 그 예로, 경기 전 선수의 몸을 데우고 부상을 피하기 위해 올리브 오일을 바르기 시작했다.

➡ 로버트 존 손튼의 '신성한 꽃의 사원'을 위해 피터 헨더슨(Peter Henderson)이 그린 작품 '성스러운 연꽃'. 1799년-1807년.

Burke & Lewis sculp.

The Sacred Egyptian Bean

London Published Dec.r 1 1804, by D.r Thornton

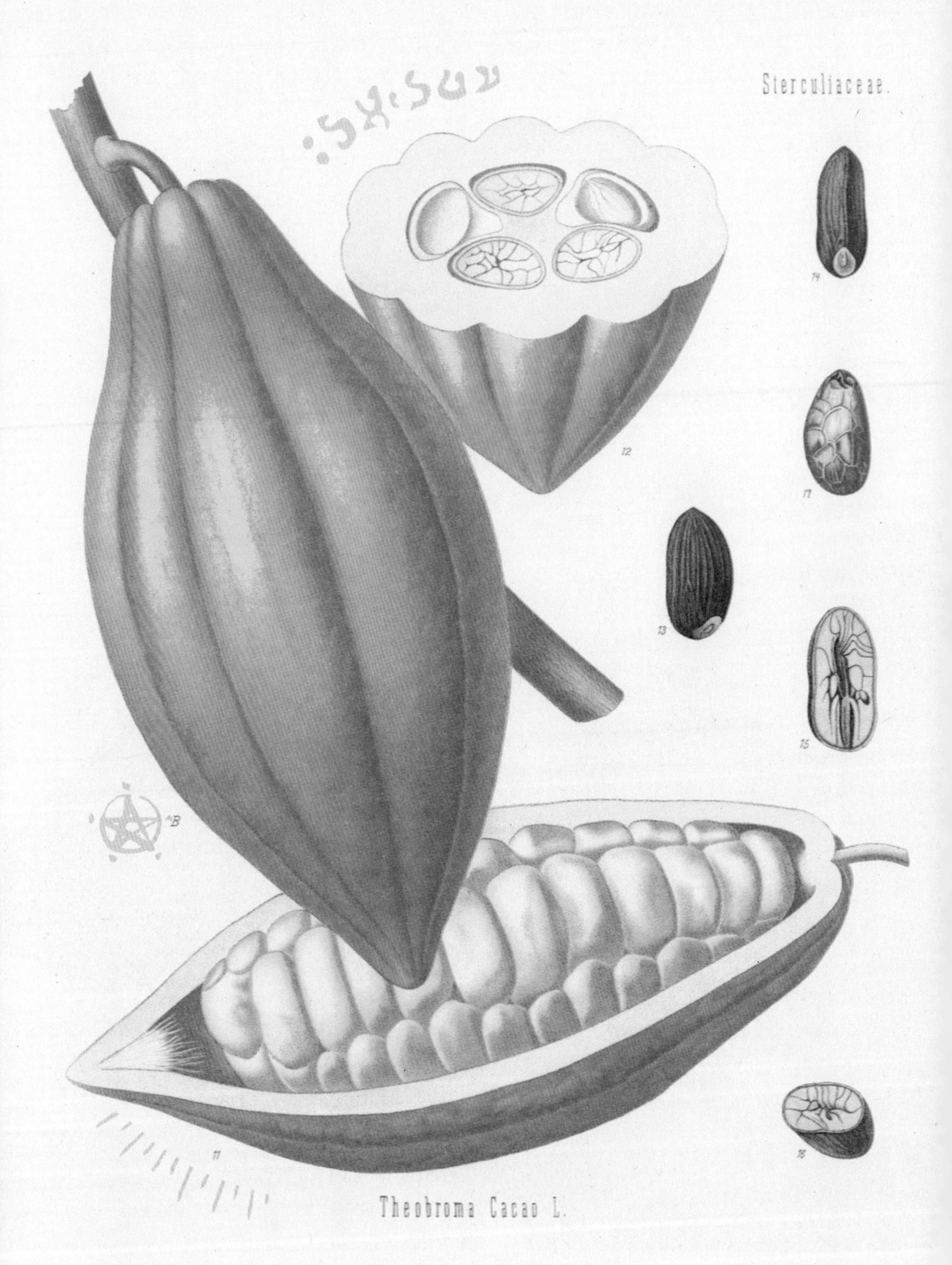
Sterculiaceae.
Theobroma Cacao L.

향기로운 약초는 '리조토마이'(Rhizotomoi) 라고 불리는 전문적인 '뿌리 채집자'에 의해 채집되었다. 이들은 전설에 휩싸인 비밀스러운 집단으로, 신화 속 마녀인 키르케(Circe)와 켄타우로스 케이론(Centaur Chiron) 모두 리조토마이였다. 약초 자원을 보호하기 위해 '뿌리 채집자'들은 전문성이 없는 사람들의 약초 채집이 끔찍한 결과로 이어진다는 소문을 퍼뜨렸다. 작약을 베는 사람들의 눈을 딱따구리가 파먹었다든지, 헬레보루스(Hellebores)는 독수리의 보호를 받고 있다든지 또는 맨드레이크(Mandrake)가 땅에서 뽑힐 때 지르는 비명을 들은 사람들은 즉각적으로 광기에 휩싸인다는 등의 이야기였다.

건축에서 철학에 이르는 많은 분야처럼 로마 의학 역시 그리스의 영향을 크게 받았다. 하지만 로마인들이 항상 그리스 의학에 동의한 것은 아니었다. 고대 로마 시대의 역사가이자 천문학자인 대 플리니우스(Pliny the Elder)는 그리스 의사들이 늘 치료비를 비싸게 청구하며 부도덕하다고 생각했다. 그래서 그는 로마의 민간의학이 더 나은 치료법이라고 여겼다. 그러한 생각에 약초가 주요한 역할을 했다. 정제된 알약에는 종종 사프란, 후추, 계피와 같은 이국적인 재료가 포함되었다. 하지만 때로는 더 일상적이고 평범한 식물도 가치 있다고 여겨졌다. 고대 로마의 정치가이자 작가인 대 카토(Cato the Elder)는 양배추를 매우 좋아했다. 그는 양배추가 수십 가지의 효능을 가지고 있는데 특히 궤양에서 고름을 없애며, 코 안에 생기는 용종을 제거하고 심지어 암도 치료한다고 주장했다. 그는 양배추를 먹은 이의 소변으로 목욕한 아이는 결코 몸이 허약해질 수 없다고 말하기도 했다.

⬅ 독일의 약사이자 식물학자인 쾰러(Köhler)의 '약용식물도감'에 수록된 '코코아'(Cacao). 1887년.
아즈텍 사람들은 기념일을 앞두고 코코아를 마셨다고 한다.

로마 제국은 광활했고 탐험가들은 개척한 땅에서 새로운 약초 치료법을 들여 왔다. 반대로 탐험가들이 즐겨 쓰던 치료법이 개척한 땅에 전해져 새로운 치료법이 되기도 했다. 하지만 서양쐐기풀(Stinging nettles)이 로마 군인에 의해 영국에 전해졌다는 이야기는 사실이 아니다. 쐐기풀은 본래 영국이 원산지다. 로마인들은 먹기 위해 그리고 치료를 위해 약초에 광적으로 집착했다. 어떤 약초는 유용하다고 소문이 나는 바람에 너무 많이 먹어 아예 멸종에 이른 종도 있다. 천연 피임약이라고 불리는 실피움(Silphium)은 현재 어떻게 생겼는지도 알 수가 없다. 고대 로마인이 모두 먹어 치웠기 때문이다.

고대 켈트족에게 식물은 식량, 일상생활 및 의학에서 요긴하게 쓰였다. 그들은 식물의 독을 피하기 위해 식물이 가지고 있는 특성을 알려고 애썼다. 만약 베인 상처가 생기면, 현삼(Scrophularia)을 지혈하는 데 사용했고, 장내 기생충 감염이 발생한 경우는 야생마늘(Allium ursinum)로 치료할 수 있다고 믿었다. 과학자들은 켈트족이 일반적으로 사용한 감기 치료제인 엘더베리(Elderberry)가 오늘날의 비타민 C를 대체하였다고 말한다.

바이킹 시대 이후로 고대 스칸디나비아인들은 의외의 방법으로 식물의 특성을 활용했다. 12세기 서적인 성 올라프(St Olaf)의 '전설적인 사가'에는 영웅 포르무르(Pormóður)가 가슴에 화살을 맞는 장면이 등장한다. 여성 치유사는 포르무르에게 양파와 마늘 향이 강한 수프를 먹여 그의 상처 부위에서 수프 냄새를 맡는다면, 이미 화살이 내장을 관통했으므로 죽음에 이를 수 있다고 생각했다. 하지만 포르무르는 끝내 수프 먹는 것을 고사하고 화살을 뽑아냈고, 결국 죽음에 이르렀다. 지금 들으면 황당하게 들리지만 당시로서는 그 아이디어가 매우 그럴듯하게 여겨졌다.

현재는 불법인 마약의 일부는 고대 문명에 의해 최초로 발견되어 종교적 환각제 또는 의학적

목적으로 사용되었다. 마야인은 코카 잎을 씹거나 각성 작용이 있는 차로 만들었다. 이란 문화에서 낙타봉(Peganum harmala)은 열과 염증을 치유하기 위한 약과 항우울제로 사용되었다. 한편 기원전 9000년에서 7000년 사이 마법 버섯, 즉 환각 물질이 있는 버섯(Psilocybin) 그림이 북아프리카의 프레스코화에서 발견되었다. 고고학자들은 최근 유방암을 완화하기 위해 사용한 것으로 보이는 대마초를 2500년 된 한 여성의 무덤에서 발견했다. 우리가 양귀비(Opium poppy)로 알고 있는 식물은 호메로스의 오디세이에도 언급된다. 안타깝게도, 고대에서도 이런 약물들이 덜 위험하지는 않았다.

사실상 모든 현대의 약초학은 효능을 찾기 위해 용기 있게 때로는 필사적으로 약초를 먹어 보고, 상처에 발라 보고, 신체의 다양한 구멍에 넣어 본 우리 조상들의 시행착오 덕분이다. 물론 역사는 약초의 효능을 눈물겨운 방법으로 찾아낸 개인들의 실패를 기록하지 않았다. 그들은 독성 식물로 유명한 벨라도나(Atropa belladonna)와 덩굴옻나무(Toxicodendron radicans)가 치명적이라는 사실을 발견한 사람들이다. 우리는 조상들에게 빚진 셈이다.

⬆ 호쿠사이 가쓰시카(Katsushika Hokusai)가 작업한 목판화로, 피어난 벚나무들과 함께 후지산 위를 묘사한 작품. 1804년. 매해 수천 명이 꽃 축제에 참가하기 위해 일본에 몰려든다.
➡ 동아프리카 해안 지역에서 발견된 몰약나무의 식물 표본. 1932년.

4385
Sheet I
ABYSSINIA—SOMALILAND BOUNDARY COMMISSION.
Commiphora cuspidata Chiov.
var. media Chiov. (fide Chiov.)
Loc. Somaliland: Duwi, 2800 ft.
Coll.: J. B. GILLETT.
No. 4385
Date 20-10-1932

독당근

Hemlock · *Conium maculatum*

독당근은 궁극적인 '마녀의 식물' 중 하나로 전통적으로 저주나 점술과 연관이 있다.

셰익스피어(Shakespeare)의 작품인 '맥베스'에 등장하는 마녀는 어둠 속에서 캔 독당근의 뿌리를 가마솥에 던져 넣었다. 작품 내에서 '독당근 뿌리'는 '광기 어린 뿌리'라고 언급이 된다. 또 환각을 일으킨다고 알려져, 신체에 바르면 날아다니고 독성을 유발하는 부적으로도 사용되었다. 독당근은 울타리에서 자주 발견되기 때문에 트위드 옷을 입은 영국인 살인자가 쉽게 구할 수 있었으며, 20세기 유명한 범죄 소설 작가인 애거사 크리스티(Agatha Christie)가 선택한 독으로도 유명하다. 피해자들은 마비, 언어 장애 그리고 질식사로 고통받았으며, 소름 끼치게도 죽음의 순간까지도 정신이 거의 말짱하게 유지된다고 한다.

비커리(Vickery)가 쓴 민속 식물 목록에는 독당근의 35개가 넘는 별명이 나오는데 모두 평범하지 않다. '나쁜 남자의 오트밀', '딱지투성이 손', '악마의 꽃' 그리고 '어머니의 심장을 찢어지게 하는 것' 등은 그 일부에 불과하다. 그중 '호니턴의 레이스'와 '여자의 바느질'과 같은 별명은 나풀나풀한 레이스 모양의 꽃과 작은 잎이 부채 모양으로 펼쳐져 있는 가지를 상징한다. 독당근은 당근, 샐러리, 회향(fennel) 등과 함께 같은 미나리과에 속한다. 하지만 이런 식물들과 다르게 식용이 아니다.

독당근은 유럽과 북아프리카의 드넓은 지역이 태생이지만 호주부터 북미 대륙까지 퍼져 현지화되었다. 미나리과의 다른 개체들과 마찬가지로 2년생 식물로, 첫 해에는 축축한 황무지나 도랑에 뿌리를 내리고 다음 해 봄에 꽃을 피우고 열매를 맺는다. 이 식물의 모든 부분에는 독성이 있다. 가장 신선할 때 독성이 강하며 건조되었을 때도 여전히 독성이 있으므로 주의가 필요하다.

이렇게 독이 강한 특성 때문에 체외에만 한정적으로 사용되었다. 하지만 현재는 그 또한 권장하지 않는다. 영국의 의사 및 약초사인 컬페퍼(Nicholas Culpeper)는 통풍과 감염을 진정시키기 위해 독당근 뿌리를 익혀 손에 바르는 것을 제안했다. 가장 오래된 사용법은 안약으로 사용하는 것이다.

한편 이 식물의 가장 유명한 사용법은 바로 독당근에 의해 죽임을 당한 사람과 연관이 있다. 고대 그리스 때 소크라테스가 독당근을 마시고 사망했다는 가설이 있다.(정치인 테라메네스(Theramenes)와 포키온(Phocion) 역시 같은 방법으로 처형되었다고 전해졌다) 현대 독성학자인 에니드 블로크(Enid Bloch)는 소크라테스의 죽음에 대한 플라톤의 주장을 연구한 끝에, 소크라테스를 죽음에 이르게 한 증상이 독당근에 있는 알칼로이드 성분에 의한 말초 신경 병증을 정확하게 묘사한다고 결론 내렸다.

➡ 영국의 포크스톤에서 채집된 독당근 식물 표본. 1895년.

UMBELLIFERÆ
Conium maculatum (L.)
Hemlock
NATURAL ORDER Umbelliferae
DATE June 25th 1895.
HABITAT Hedge-bank Folkestone

헬레보루스 니게르

Black hellebore · *Helleborus niger*

기독교가 포용한 많은 약초처럼, 헬레보루스는 매력적인 전설을 가지고 있다. 평범한 시골 소녀는 어린 예수를 보러 가고 싶었지만 그에게 줄 수 있는 선물이 없었다.

천사가 그녀의 마음에 감동해 땅에 내려와 꽃을 피웠다. 하지만 아기 예수가 '크리스마스 장미'라는 이름으로도 알려진 그 식물을 입에 넣지 않은 건 정말 다행이었다.

고대인들은 헬레보루스의 위험성에 대해 모두 알고 있었다. 먼저, 파헤칠 때 반드시 주변에 독수리가 없다는 것을 확인해야 한다. 만약 독수리가 헬레보루스를 파헤치고 있는 당신을 본다면 죽음을 피할 길이 없을 것이다. 물론 전문적인 뿌리 채집자가 아마추어의 약초 채취를 막기 위해 퍼뜨린 위험한 소문 중에 하나이긴 해도 그것이 아예 말도 안 되는 것은 아니었다. 헬레보루스는 자연이 만든 유독한 것들 중 하나이기 때문이다. 그것은 강력한 구토제로 섭취 시 사망할 가능성이 있다. 아마도 헬레보루스 뿌리를 조금이라도 먹었던 최초의 사람은 쓰러지기 직전, 자신을 먹잇감으로 찍어두고 기다리고 있는 새떼를 목격하였을 것이다.

그러나 이 식물은 올바른 방법으로 독성이 제거된다면, 매우 유용한 약초였다. 플리니우스는 헬레보루스를 파내기 전에 식물 주변에 원을 그리고 기도를 드리는 의식을 행할 것을 권장했다. 또 화환으로 만들면 악령과 파리로부터 동물을 보호할 수 있다고 믿었다. 그리고 공중에 제대로 된 방법으로 뿌린다면, 투명 인간으로 변할 수 있게 해준다는 미신도 전해졌다.

헬레보루스 니게르는 중앙 유럽 및 남부 쪽이 원산지로 미나리아재비과(Ranunculaceae)에 속하며 그늘진 산지에서 자란다. 헬레보루스는 가장자리는 보라색이고 중앙은 노란색인 다섯 잎을 가진 고개 숙인 모양의 꽃으로 오늘날 사랑받고 있다. 하지만 약초 재배자들은 꽃보다는 뿌리를 높이 평가했다. 의학적 용도는 해독제로, 독이 있거나 상한 음식을 먹은 후에 구토를 유발하게 한다. 아이들은 종종 전염성 피부병을 치료하기 위해 헬레보루스를 먹었지만, 항상 원하는 결과를 얻은 것은 아니었다.

의사들은 이 식물을 주의 깊게 다뤄야 함을 인시하고 있었다. 히포크라테스(Hippocrates)는 환자가 약초를 섭취하기 전에 충분한 휴식을 취해야 하고, 복용 후에도 충분히 움직이기를 권했다. 또 어떤 상황에서도 잠을 자서는 안 된다고 했는데, 약초 섭취 후 경련이 일어난다면 치명적이기 때문이다. 설사와 심장 문제뿐만 아니라, 장기간 피부와 접촉하면 화상도 유발할 수 있었다. 이러한 위험성에도 불구하고 헬레보루스는 18세기까지 영국에서 계속해서 사용되었다. 약초학자 니콜라스 컬페퍼는 이것을 월경 주기를 조절하는 목적으로 사용하거나 한센병, 황달, 좌골 신경통에 사용하길 권장했다. 심지어 컬페퍼는 죽은 조직을 제거하기 위해 부패한 궤양에 헬레보루스 가루를 뿌려 보라고 권하기도 하였는데, 이는 그 어떤 방법보다 눈물을 쏙 빼게 할만큼 강력한 방법이었다.

⬅ 헬레보루스 니게르.

2장

건강한 마음

약초학의 역사는 정의하기 쉽지 않다.

물론 고대 시대 매머드 사냥으로 인한 부상이나 화살 상처를 입었을 때 식물을 이용한 민간 치료법이 있었겠지만, 시간이 흘러 잊혀져 버렸다. 현재는 전체가 아닌 일부 조각들만 남은 고고학적 자료가 우리에게 남은 유일한 기록이다.

전 세계의 순례자들은 지금도 농사, 약초, 의학의 아버지인 염제신농(炎帝神農)을 숭배하기 위해 중국에 있는 례산(烈山)에 찾아온다. '신성한 농부'로 이름이 알려진 신농이 신화적인 지위를 얻게 된 이야기는 꽤 거슬러 올라가야 한다.

세 명의 전설적인 황제 중 두 번째인 신농은 황소의 머리와 사람의 몸을 가지고 있었다. 신농의 많은 발명품 중에는 수레, 쟁기, 차, 달력 그리고 불로 땅을 정화하는 방법 등이 있다. 그의 위는 투명하다고 전해지며 몸 전체를 하나의 실험실로 사용했다. 그는 약초를 하나하나 섭취하여 소화하는 과정에서 몸에 어떤 작용이 나타나는지를 살폈다. 하지만 스스로에게 실험을 하는 많은 이들의 운명처럼, 신농은 독성이 있는 꽃을 먹은 후 해독제를 찾기 전에 죽었다.

신농이 실존 인물이든 아니든 그가 남긴 365종의 약용 식물 목록은 실재한다. '신농본초경'(神農本草經)은 약용 약초 설명서로, 기원전 306년부터 서기 220년 사이 후한 시대 말에 편찬되었다. 이 책은 지금도 전통 중국 의학을 배우는 학생들의 필독서이다.

이 책에서 약초는 고유의 희귀성과 개별적인 품질에 따라 등급이 매겨졌으며 하늘, 땅, 그리고 인간을 대표하는 세 가지 영역으로 분류되었다. 독성도 무조건 피하지만은 않았으며, 잠재적으로 도움이 되는 이로운 점과의 균형을 비교해 신중히 고려하여 사용했다. 단, 독성이 있는 약초는 다른 약과 정량으로 혼합하여 부정적인 효과를 상쇄해야만 했다.

에레소스의 테오파라투스(Theophrastus of Eresus, 기원전 372-287)는 서양의 위대한 철학자 중 한 사람이었다. 소요학파(Peripatetic philosopher)의 사상가이며 동시에 진정한 아리스토텔리아파인 테오파라투스는 물리학, 동물학, 윤리학, 식물학, 문화사 등 광범위한 주제를 연구했다. 현재 그를 '식물학의 아버지'라고 부르는 이유 중 하나는 지금까지 전해지는 그의 몇 안 되는 저서 중 '식물 탐구'와 '식물의 원인에 관한 탐구' 때문일 것이다.

테오파라투스는 자신의 연구 결과와 알렉산더 대왕의 추종자들을 포함한 다른 여행자들의 보고를 토대로 야생 식물 및 재배 식물의 특성과 실용적 쓰임새를 저술하였다. 그렇게 많은 시간과 노력을 들인 그의 서서는 다음 세대 철학자들의 연구에 큰 영향을 미쳤다.

오늘날 대 플리니우스로 더 잘 알려진 가이우스 플리니우스 세쿤두스(기원전 23-79)는 사실 '철학자'보다는 실용적인 일에 더 많이 관여했다. 그는 부유한 로마의 군사 지휘관이자 탐구심이 강한 인물로, 다양한 직책 및 정치적 지위를 활용하여 연구하고 글을 썼다.

그는 7권의 책을 저술했다고 알려져 있지만 실제 남아 있는 책은 '자연사' 한 권이다. 자연사는 총 37권으로 구성되었으며 플리니우스가 여행 중 관찰한 내용과 이전 자료를 종합하여 백과사전 형식으로 편집했다. 플리니우스는 이 책의 일부를 전설적인 동물, 민간 전설로 채워 마법이나 미신을 과학과 동등하게 강조했다.

'자연사'의 내용은 테오파라투스에게 많은 영향을 받았다. 플리니우스의 번역은 가끔씩 허술한 면이 있었지만 풍부한 어휘를 사용하여 현재 우리가 알고 있는 로마인의 농업과 정원에 관련된 지식의 많은 부분이 그에게서 유래하였다. 고고학 조사 결과에 따르면, 적어도 로마인의 농업과 정원에 있어서는 플리니우스의 번역이 정확하다고 한다.

➡ 중국 닝보(Ningbo)에서 채집된 차나무의 식물 표본. 1844년.

HERBARIUM KEWENSE.
No. 53.
CHINA : Ningpo
Camellia . sinensis
Coll. and presented by MR. W. HANCOCK. 1844.

플리니우스가 남긴 저서는 다방면에서 의미가 있다. 그는 그리스 식물명을 라틴어로 번역하여 이전의 그리스 문헌들, 특히 테오파라투스의 저술들을 읽을 수 있게 하였다. 또한 플리니우스는 '현대 생활'에 대한 다양한 생각을 남겼는데, 예를 들어 약값에 관한 불평과 의사들의 부정 행위를 향한 비판은 흥미롭고 깨달음을 주기도 했다. 그리고 고대 로마 모습을 생생하게 묘사하여, 다른 이들은 사소하다고 여겨 놓칠 법한 감동적인 세부 사항들을 짚어 준다.

안타깝게도, 플리니우스의 호기심은 결국 그가 사망하는 원인이 되었다. 서기 79년에 나폴리 만에 주둔한 함대의 사령관으로서 그는 베수비오 산(Mount Vesuvius) 주변에 형성된 특이한 구름 현상을 조사하기 위해 육지로 갔다. 그러나 폼페이(Pompeii)와 헤르쿨라네움(Herculaneum)을 묻어 버린 유명한 분화가 호기심 많은 철학자의 목숨도 앗아갔다.

대부분의 중세 시대 수도원 도서관은 플리니우스의 저서를 보유했다. 1492년 이탈리아 의사 니콜로 레오니체노(Niccolò Leoniceno)가 몇몇 오류를 지적하기 전까지는 어느 누구도 플리니우스에게 맞설 생각을 하지 못했다. 그러나 여전히 플리니우스는 중요한 인물이며 셰익스피어와 밀턴(Milton)에게도 알려져 있다. 특히 그의 생기 넘치는 고대 로마인에 대한 묘사는 지금까지도 높은 평가를 받는다.

고대 그리스의 중요한 식물학자 중 한 명인 페다니우스 디오스코리데스(Pedanius Dioscorides, 대략 기원전 40~90)에 대해 알려진 것은 거의 없다. 아나자르부스(Anazarbus, 현재 튀르키예 지역)에서 태어난 그는 로마 군대와 함께 군의관으로 다양한 지역을 여행했다. 그는 가는 곳마다 지역 식물의 특징을 탐구했고, 또 새로운 치료법을 연구하기 위해 지역 주민들의 민간요법을 기록했다. 그의 유명한 저서, '의약물에 관하여'는 본래 그리스어로 쓰였는데 곧 여러 가지 언어로 번역되어 유럽, 인도 그리고 중동 약사의 해설이 더해졌다. 서기 50년에서 70년 사이에 쓰인 디오스코리데스의 고대 의학서는 비록 최초의 의학 개요서는 아니었지만, 방대한 양이 매우 독보적이다. 총 5권인 이 책에서 그는 무려 600여 종의 식물과 거의 1000여 개에 달하는 약물을 기록했다. 일부에는 수은, 납, 구리 산화물과 같은 현대 의학에서는 잘 쓰지 않는 화학 물질이 포함되어 있는데, 그 외 식물을 사용하여 만든 혼합물, 붕대 및 기타 처치법 등도 많다. 책에 나온 약초는 치료 방법에 따라 온열, 결합, 연화, 건조, 냉각 및 이완법으로 분류되었다. 디오스코리데스는 식물의 이름, 동의어, 서식지, 사용 목적, 특징 심지어 부작용과 함께 어떻게 채취하고 손질하며 보관해야 하는지까지 가이드 라인을 제시했다. 또 잘못 다뤄질 경우 약초의 순도가 어떻게 달라질 수 있는지에 대한 주의 사항까지 기술했다.

15세기 동안 디오스코리데스의 업적은 변함없이 전해졌지만, 그는 실험주의를 지지하는 입장이었다. 결국 그의 의견이 받아들여져 새로운 연구가 시작되었다.

유럽의 수도원은 고대 작품의 사본이나 지역적 변형본을 보관하여 그들만의 치료법을 고안하는 데 참고했다. 성 힐데가르트 폰 빙겐(St Hildegard of Bingen, 1098~1179)는 당시 시대보다 앞선 선도적인 여성으로 테오파라투스와 디오스코리데스 등의 저서와 라이헤나우(Reichenau)의 수도원 소속 신부이자 작가인 발라프리드 스트라보(Walafrid Strabo of Reichenau, 9세기)가 쓴 초기 정원서 '호르툴루스'까지 익혔다. 하지만 힐데가르트는 자신만의 개성을 더해 작품들을 재해석하였다.

베네딕트 수도원에서 교육받은 힐데가르트는 15세에 수녀가 되었다. 그녀는 시인이며 작곡가인 동시에 몇 권의 책을 썼으며 의학과 자연 그리

⬅ 성 힐데가르트(St Hildegarde)의 '지식을 얻는 길'의 삽화. 약 1151년경. 힐데가르트는 예술, 음악, 철학, 신학 그리고 약초의 의학적 사용에도 영향을 주었다.

고 역사에 관한 두 저서인 '단순 의약서'와 '원인과 치료'를 집필하였다. 현대 학자들 사이에서 실제로 그녀가 '원인과 치료'를 얼마나 저술하였는지 의견이 분분하지만, 그 책에 대한 영감은 그녀에게로부터 온 것이 틀림없다.

힐데가르트는 '녹음' 또는 '푸르름'의 개념을 주장했다. 그녀는 자연 세계를 신의 경축과 표현의 수단으로 보았다. 더 나아가 자연을 사탄에 의해 타락한 에덴의 비극적인 모습으로 보기보다, 여성적인 영성을 표현한다는 의미로 바라보았다.

힐데가르트는 우리가 오늘날 전인 치료라고 부르는 방법을 사용했다. 고대 그리스의 4개의 체액 개념을 가져와 환자들이 다양한 치료법을 통해 신체와 정신의 "재균형"을 찾을 수 있도록 적용했다. 사용된 치료법에는 뜨거운 물에서 목욕하기, 충분한 수면, 건강한 식이요법, 단식, 도덕적 행위 및 기도가 있다. '원인과 치료'의 약초 섹션에는 치유 특성을 가진 500종의 식물, 나무, 암석, 금속 그리고 생물들이 기술되어 있다. 힐데가르트의 치료법은 중세 시대 문학 강연 투어의 형태로 독일 전역으로 퍼져 나갔지만, 그녀는 2012년이 되어서야 비로소 공식적으로 성인으로 선포되었다.

존 제라드(John Gerard, 대략 1545-1612)는 명확히 말해서 성자가 아니다. 그렇지만 그는 훌륭한 정원사였고 스스로를 알리는 데 뛰어난 사람이었다. 그는 1545년에 영국의 낸트위치(Nantwich)에서 태어나 엘리자베스 시대에 활동한 이발사 겸 외과 의사였다. 그는 영국 귀족 벌리 경(Lord Burghley)의 정원 관리자가 된 뒤, 의사 협회의 약초 정원 관리자가 되었다.

'식물 역사의 여섯 부분'은 1583년 렘버트 도도엔스(Rembert Dodoens)에 의해 발간된 라틴어로 된 약초 서적이다. 이 책은 런던 의과대학의 로버트 프리스트(Robert Priest)가 영어로 번역 작업을 시작했지만, 완료하기 전에 그가 사망하면서 이후 작업은 존 제라드가 맡게 되었다. 존 제라드는 작업 중 일부 항목을 수정하고, 다른 책에서 가져온 1800여 개의 목판화를 더해 그의 것인 양 가장했다.(그는 16개의 새로운 내용을 추가하였는데, 그중에는 최초의 감자 그림이 포함되었다) 하지만 이 책은 오류가 많아, 식물학자 마티아스 드 로벨(Matthias de l'Obel)이 수정을 맡게 되었다. 제라드는 자신의 작업이 완벽하지 않다는 사실을 받아들이지 못하고 로벨의 수정을 거부하였다. 결국 이 책은 오류가 있는 채로 출판되었다.

1597년에 출판된 존 제라드의 '약초서'는 저작권에 대한 의구심이 있는 채로 출간되었지만 그럼에도 불구, 식물 역사가들에게는 매우 중요한 책이다. 1633년에 토마스 존슨(Thomas Johnson)이 부실한 번역을 바로잡아 훨씬 더 양질의 책으로 재출간하였다. 토마스 존슨은 존 제라드의 의도는 좋았지만 그가 감당할 수 있는 집필 수준을 넘어선 면이 있었다고 언급했다.

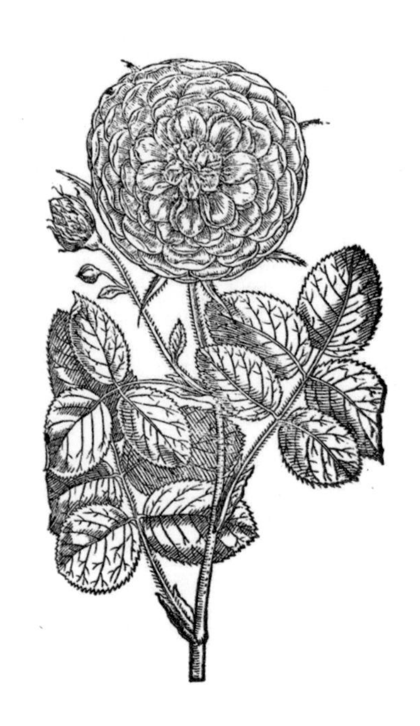

⬆ 제라드의 '약초서'에 실린 장미 목판화. 1597년.

➡ 19세기 학자들이 참고 자료로 사용한 존 제라드의 '약초서' 앞표지. 이 책은 여전히 식물 역사학자들에게 중요한 자료이다.

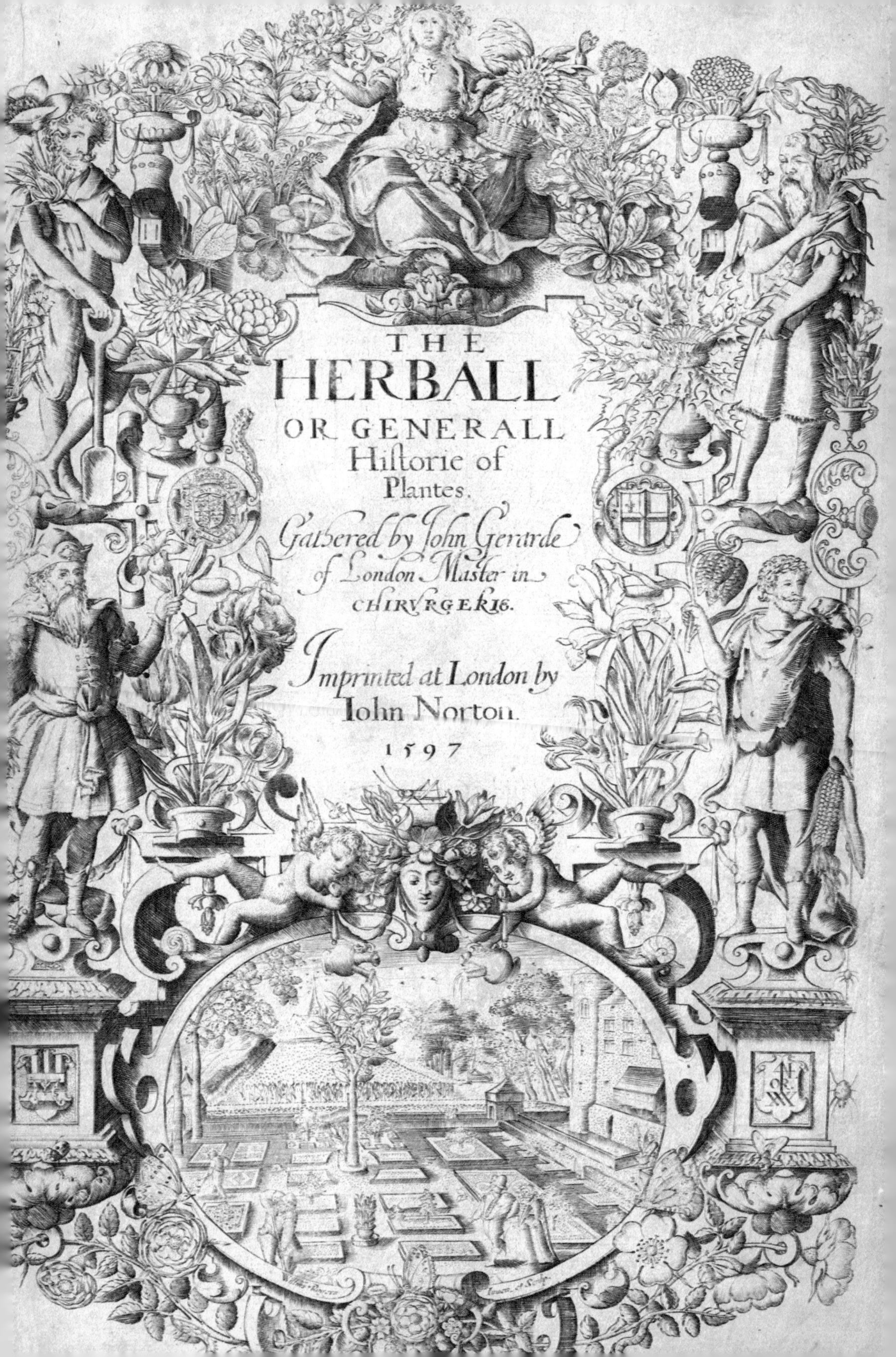
THE
HERBALL
OR GENERALL
Historie of
Plantes.
Gathered by John Gerarde
of London Master in
CHIRVRGERIE.
Imprinted at London by
Iohn Norton.
1597

블랙베리

Blackberry · *Rubus fruticosus*

걸보기에 평범한 블랙베리는
사람들이 시골길을 산책하면서 쉽게 딸 수 없는 식물이다.

블랙베리를 따는 것은 심각한 기근에도 허용되지 않았다. 일부 지역에서 이 식물은 예수 그리스도의 면류관 가시로 사용되었다는 이유로 악마의 과일로 여겨졌다. 블랙베리 덩굴은 죽은 자가 살아서 걸어 나오는 것을 막기 위해 무덤 주변에 의도적으로 심어지기도 했다.

해마다 늦은 시기에 블랙베리를 먹으면 안 되는 이유로 악마가 그것에 침을 뱉거나 소변을 묻혔다는 믿음은 사실이 아니다. 하지만 가을에는 과일이 곰팡이에 취약해지므로 다시 생각해 보면 제법 그럴듯하다. 악마가 침을 뱉는다고 알려진 시기는 8월 말에서 성 미카엘 축일인 9월 29일까지이나, 블랙베리의 숙성 시기는 지리적으로 북쪽으로 이동함에 따라 변화한다.

블랙베리는 울타리 식물로서 매우 중요한 역할을 맡아 왔다. 사람들과 작은 동물들은 블랙베리의 가시로 뒤덮인 줄기를 고맙게 생각했다. 또 작은 동물들은 블랙베리의 맛이 좋았기 때문에 악마가 이것에 어떤 짓을 했건 알 바가 아니었다. 이 식물은 땅에 닿는 곳마다 뿌리를 내리고 아치 모양으로 휘어지는 긴 줄기를 가지고 있다.

이렇게 땅에 닿을 때마다 뿌리를 내리는 가지는 여러 질환이나 고민에 대한 마법적이고 강력한 해결법으로 여겨지기도 했다. 땃쥐에 물린 말, 백일해나 구루병에 걸린 아이들과 여드름으로 고민하는 사람들은 블랙베리의 아치 밑을 해의 방향에 따라 동쪽에서 서쪽으로 여러 번 기어서 건너면 문제가 해결된다고 믿었다. 보통 일곱 번이나 아홉 번이 적당한 횟수였다. 웨일스 국경에서는 사람들이 빵과 버터 한 조각을 아치 밑에 제물로 남겼다. 빵을 먹은 생물이 질병을 대신 가져간다고 생각했기 때문이다. 블랙베리 줄기가 만든 아치, 즉 마법의 고리를 기어가는 것은 행운을 가져올 수도 있었지만, 동시에 악마와 계약을 맺는다는 것을 의미하기도 했다.

의학적으로도, 이 식물은 인기 있는 재료였다. 그리스인과 로마인들은 통풍을 블랙베리로 치유했으며 그리스 의사 콜로폰의 니칸데르(Nicander of Colophon, 대략 기원전 197-139)는 블랙베리 꽃을 바다 괴물에게 물린 곳에 치료제로 사용했다. 그로부터 1700년이 지난 후 니콜라스 컬페퍼는 이것을 뱀에 물린 곳을 치유하는 데 사용했다고 전해진다. 컬페퍼는 궤양, 부패한 상처, 혈변, '기침이나 가래 시 피가 나오는 증상'에도 효과가 있다고 생각했다. 알려진 바에 의하면 뿌리는 신장 결석을 부수고, 잎사귀는 입과 '은밀한 부위'에 로션으로 사용할 수 있다고 한다. 블랙베리 식초는 시골에서 흔하게 사용되는 의약품으로, 인후염, 기침 그리고 호흡기 질환에 만병통치약으로 쓰였다.

➡ 메리 앤 스테빙(Mary Anne Stebbing)의 블랙베리. 1946년.

Blackberry
Rubus fruticosus

Zingiber officinale. Rosc.

생강

Ginger · *Zingiber officinale*

생강은 약초학의 슈퍼스타 중 하나로, 수천 년 동안 꾸준한 인기를 이어 왔다.

동남아시아, 중국, 인도가 원산지인 생강은 잎이 무성한 줄기, 밝은 녹색 잎과 황록색 꽃이 피며 최대 1미터까지 자랄 수 있다. 생강의 가장 중요한 부분은 육질의 뿌리 부분이며, 공자 시대부터 음식과 약용으로 즐겨 사용되었다.

생강은 초기의 여행자들이 거래하던 손꼽히는 향신료 중 하나이며, 실크로드 무역의 주요 상품이었다. 고대 그리스인들은 생강이 들어간 빵을 구웠고 이 달콤한 생강빵은 중세 유럽 시장에서 널리 퍼져 나갔다. 실제로, 왕국간 외교적인 행사(엘리자베스 여왕 1세가 모든 손님들을 '생강빵 인형'으로 표현한 연회를 열었던 사례)와 민담('헨젤과 그레텔'의 마녀가 생강빵으로 만든 집에 살았다는 이야기)을 통해서 선해서 내려온다. 젊은 여성들은 남편을 만날 가능성을 높이기 위해 생강빵으로 만든 선물을 만들기도 하였다. 쿠키 모양에는 하트, 꽃 그리고 젊은 남성의 모습을 표현하였다. 하지만 만약 인도의 전통적인 성애 관련 책인 '카마수트라'에 성적인 활력을 돋우기 위해 이것을 추천한다는 내용이 있다는 걸 시녀들이 알았다면, 민망하고 불경스럽다 생각하여 그녀가 모시는 아가씨들이 생강빵과 쿠키 만드는 걸 돕지 않았을 것이다.

아마도 생강의 인기가 식지 않는 이유는 말 그대로, 열 때문이다. 생강은 '불을 붙여 주는' 속성으로 인해 몸을 따뜻하게 하고 관절염에 좋고 복통에 효과가 있다고 알려졌다. 또 열 기운으로 땀을 내게 해 감기를 낫게 한다. 이것은 생으로도 섭취할 수 있지만 건조시켰을 때 더 효과가 좋다. 존 제라드는 "설탕에 절인 생강은 뜨겁고 촉촉하지만, 말린 생강은 매우 뜨거운 성질로 수분을 제거하는 효과가 있다."고 덧붙였다.

생강은 항염 효과가 있고, 복부 팽만을 완화하고 신체를 정화한다. 생강차는 메스꺼움을 없애고 혈액 순환을 개선하며 상반된 듯 보이지만, 화상을 진정시키는 효과를 위해 복용하기도 했다. 19세기의 영국 여관 주인들은 맥주에 뿌릴 수 있게 생강 가루를 바에 두어 여행자들이 힘든 여정을 마친 후 몸을 따뜻하게 할 수 있도록 했다. 듣기 좋은 이야기는 아니지만, 비양심적인 말 상인들은 피곤한 말을 활기차게 보이도록 하기 위한 묘안으로 생강의 뿌리를 말의 항문에 바르기도 했다.

생강은 민간요법에서 강력한 재료였다. 돈, 사랑 그리고 성공을 불러일으키는 주문에도 사용되고 마법사가 마법을 부리기 전 이것을 먹으면 더욱 강력한 마법을 발휘한다고 믿었다.

⬅ 콜(Kohl)의 독일약전에 실린 생강. 1891년-1895년.

민트

Mint · *Mentha*

다양한 종류의 민트가 예전부터 세계 각지에서 요리에 널리 사용되었다.

심지어 이집트인의 무덤에서 발견된 적도 있다. 민트는 작고 달콤한 다년생 허브로, 옅은 분홍색 또는 흰색의 작은 꽃을 가지고 있다. 하지만 향기는 잎에서 나며 이 잎은 밝은 황록색에서 어두운 색, 거의 검은빛에 가까운 녹색까지 다양하다. 일부 변종은 털이 많은 잎을 가지고 있지만 대부분의 종은 잎이 매끄럽다. 민트의 맛은 스피아민트처럼 강하지 않은 향에서부터 더 강력한 페퍼민트까지 다양하다.

고대 그리스 신화에 따르면 민트는 저승의 신 하데스(Hades)의 눈길을 사로잡은 강의 요정이었다. 하데스의 아내 페르세포네(Persephone)는 분개하여 민트를 사람들이 밟고 다니는 풀로 만들어 버렸다. 하데스는 아내가 건 마법을 풀 수 없었고, 대신 향이라도 맡기 위해 민트에게 강력한 향을 주었다는 이야기가 전해진다.

민트는 지금까지 신선한 향으로 사랑받고 있으며 목욕, 향수 그리고 시원한 음료에 사용된다. 고대 아테네에서 사람들은 신체 부위를 각기 다른 향으로 꾸몄는데, 민트는 팔에 사용되었다. 이 식물은 천연 항균 효과가 있다. 하지만 고대 그리스인들이 이것을 연회 테이블을 청소하는 데 사용한 이유는 항균 효과가 아닌, 민트 향기가 환영의 메시지로 여겨졌기 때문이다. 14세기 민트는 입 냄새 제거제로 사랑받았다. 여전히 대부분의 사람들이 선호하는 치약 향이기도 하다. 존 제라드는 "민트의 향은 인간의 마음을 기쁘게 한다."라고 언급하였다.

중세 시대 민트는 전통적으로 '뿌리는' 허브 중 하나로 마루 바닥에 뿌려 개미를 내쫓고, 곰팡이 냄새를 제거하기도 했다. 하지만 이런 사용법은 새로운 것이 아니었다. 고대 히브리인들(Hebrews)은 민트를 유대교 회당 바닥에 뿌렸다. 또 로마인들은 우유가 응고되는 것을 막기 위해 민트를 사용하였다. 1588년에 출간된 '훌륭한 가정주부의 도우미'에 따르면 민트는 응고된 우유를 융해시키며, 컬페퍼는 이것을 사용해서 가슴에 차오른 모유를 빼낼 수 있다고 언급했다. 또한 그는 상처를 입은 사람은 절대 사용하지 않도록 당부했는데, 항응고 효과로 인해 상처가 아물지 않기 때문이었다. 민트는 위장에 문제가 있을 때 섭취했으며 불면증, 불안, 어지러움 및 가스로 인한 불쾌함을 완화하는 경우에도 사용되었다.

민담에 따르면, 절대 돈을 주고 민트를 사서는 안 된다고 전해진다. 민트를 구하는 이상적인 방법으로는 이웃에게서 훔쳐 오는 것이다. 다행히도 이 식물은 어디서든 쉽게 자라고, 덩굴을 통해 번식한다. 또한 아내가 권위적인 가정에서 잘 자란다고 한다. 그래서 멕시코에서는 민트가 좋은 허브를 의미하는 단어인 예르바 부에나(Yerba Buena)로 불린다.

➡ 쾰러의 '약용식물도감'에 수록된 페퍼민트. 1897년.

W.Müller n.d. Nat.

Mentha piperita L.

3장

미신부터 과학 그리고 그 뒷이야기

옛날부터 주술사, 무당, 사제 그리고 신앙 요법을 행하던 이들은 주로 사람들의 건강 관리를 도맡아 왔다. 때문에 사람들의 몸에 깃든 영적인 대상을 통제하거나 조율하기 위해 식물에 관한 지식을 철저히 알고 이용해야만 했다.

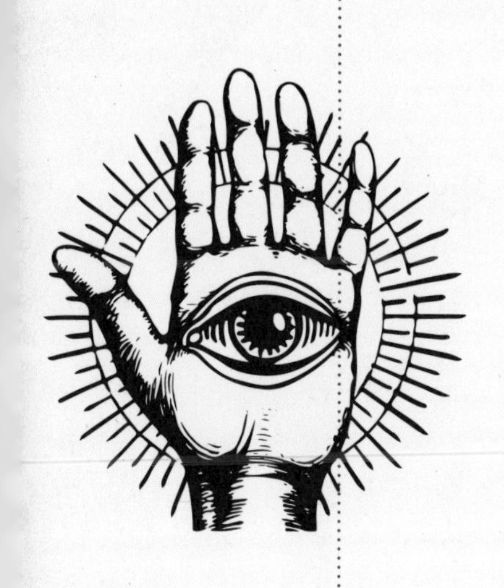

당시 사람들은 과학 지식이 없었기에, 약초를 썼는데도 왜 효능이 없는지 알지 못했다. 그래서 때로는 약물을 사용할 때 특별한 의식을 함께 했다. 물론, 이런 의식 행위는 자격을 갖춘 이들이 올바른 방법으로 진행하였을 시에만 효과가 있었다.

당시 지식으로는 인간이 설명할 수 없는 기이한 현상들이 주변에서 많이 일어났기 때문에, 초기 과학자들은 초자연적이라고 일컫는 존재를 의심할 이유가 없었다. 지금과 달리 그들에게 바다 괴물, 천둥 신, 유령과 같은 존재는 그저 자연스러운 당연한 것이었다. 그래서 마법은 과학만큼이나 가능성이 있었고, 실험 정신이 투철한 학자들에게는 더욱 열린 마음으로 생각해 볼 만한 것이었다. 그렇게 믿음과 치료는 밀접하게 연관되었으며 여전히 그러하다. 섭취하는 약이 단지 사탕이라는 사실을 알고 있어도 이따금 플라시보 효과가 있는 것처럼 말이다.

기원전 500년부터 기원후 500년까지 조직화된 종교에서는 약초의 중요성을 깨달았다. 불교와 힌두교 기관들은 의학적인 해답을 찾기 위해 노력했고, 이슬람 학자들은 약초 의학에 큰 중점을 두었다.

서양에서 기독교 수도원은 라틴어와 그리스어에 능통한 수도사들로 인해 식물 연구를 이어가기에 적합한 장소였다. 또 수도원 주변에는 늘 마을이나 도시가 형성되어 있었는데, 이는 수도원에 살고 있는 수녀와 수도승에게 필요한 일용품을 제공하기 위해 공동체가 생겨난 것이었다. 그래서 수녀와 수도승은 마을 사람들에게서 필요한 물품을 제공받는 대신, 수도원에 찾아오는 아픈 환자들을 치료해 주었다.

질병이 신의 처벌이라고 주장한 학자들도 있었다. 반면 다른 이들은 신이 학자들에게 질병을 치료하라는 일을 주었고 치료법을 찾는 것 또한 학자들의 몫이라고 주장하기도 했다. 수도승들은 디오스코리데스, 플리니우스 그리고 그리스의 의사인 아일리우스 갈레누스(Aelius Galenus)의 고전을 공부하였다. 또 그 문헌을 바탕으로 자신들이 새롭게 발견한 내용을 더했다. 10세기에 출간된 '볼드의 치유서'는 앵글로-색슨족과 고대 그리스 및 라틴 저자로부터 전해진 레시피 모음집이며, 약초에 대한 방대한 지식과 사용 방법을 담고 있다.

서기 529년에 저술된 '성 베네딕트 규칙'은 하느님을 기리려면 병자들을 특별히 보살펴야 한다고 강조한다. 그 당시 수도원에 정원이 있는 건 흔한 일이었지만, 베네딕트 수도회는 원예 도구를 성배만큼 중요하다고 여기며 원예학에 특별한 관심을 가졌다. 정원 관리에 수도승과 수녀 모두 참여했는데, 그중에서도 약초학자, 정원사, 집 고양이의 수호자인 7세기의 성 제르트루다(St Gertrude of Nivelles)와 아일랜드 원예의 성인, 성 피아크르(St Fiacre)도 포함되었다. 또 베네딕트 수도회는 약초 추출물 제조법인 팅크(tinctures) 기술을 연마하여 허브 에센스를 만들었다.

샤를마뉴 대제는(Emperor Charlemagne) 베네딕트 수도회의 '의약용 식물 정원'을 매우 극찬하며 모든 수도원이 반드시 '약초 정원'을 보유하도록 명했다. '생 갈 수도원 평면도'는 서기 820년경 작성된 스위스 베네딕트 수도원의 건축 도면이다. 이 도면에는 치료 공간, 수혈 공간, 그리고 특정 약초를 재배하는 정원이 포함되어 있다.

모든 사람이 수도원에 갈 수 있는 것은 아니었다. 속세에서는 지혜로운 여성들(가끔은 남성들도)이 의학적 지식을 전달하는 역할을 했다.

➡ 잠바티스타 델라 포르타(Giambattista della Porta)의 색채 잉크를 사용한 인간의 턱 모양을 닮은 석류 그림. 1923년경. 약징주의의 한 예.

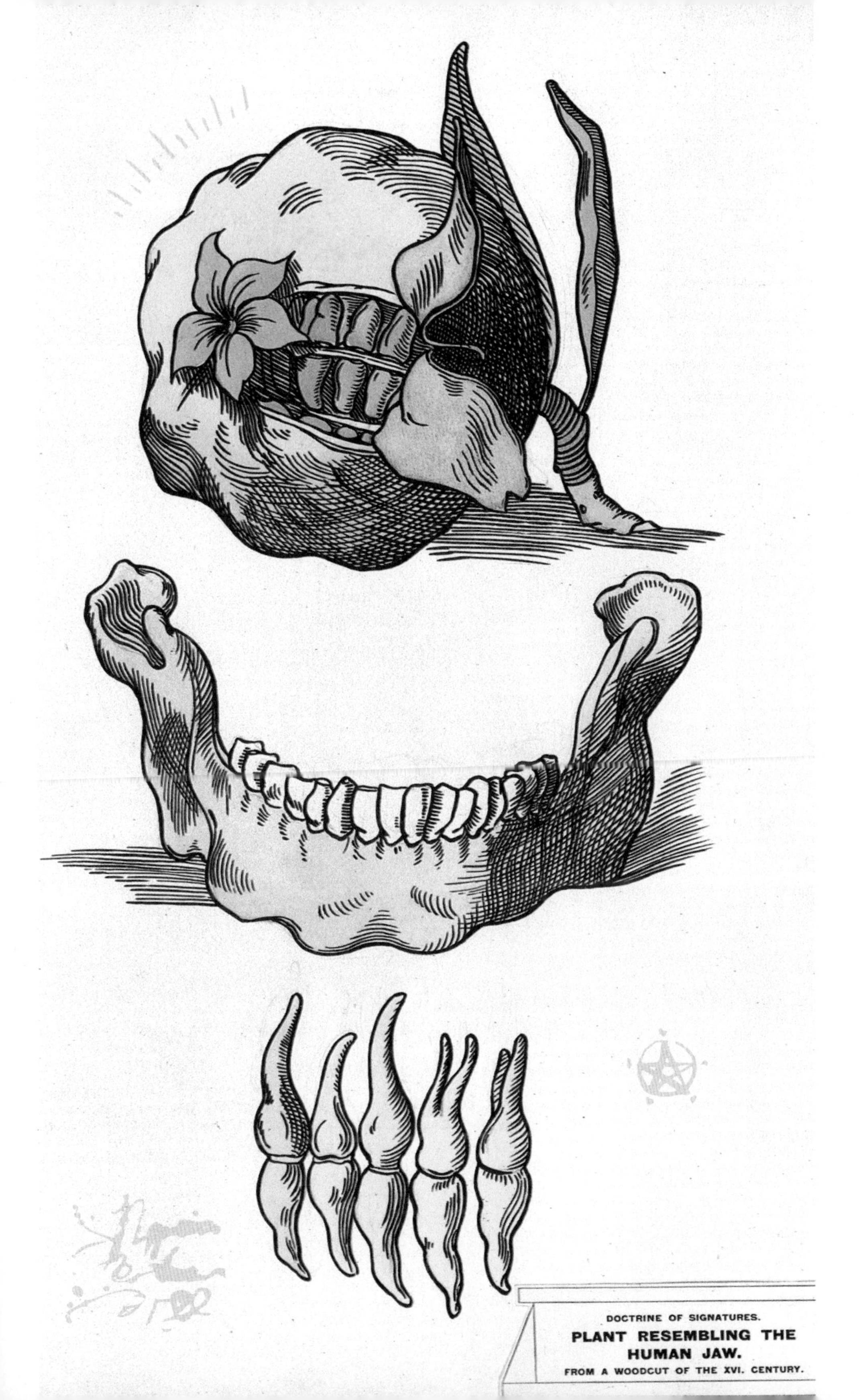

DOCTRINE OF SIGNATURES.

PLANT RESEMBLING THE HUMAN JAW.

FROM A WOODCUT OF THE XVI. CENTURY.

⬆ 면역 효과가 있는 약초나 향신료를 채운 새 부리 모양의 가면을 쓰고 있는 로마의 '역병 의사'. 17세기.

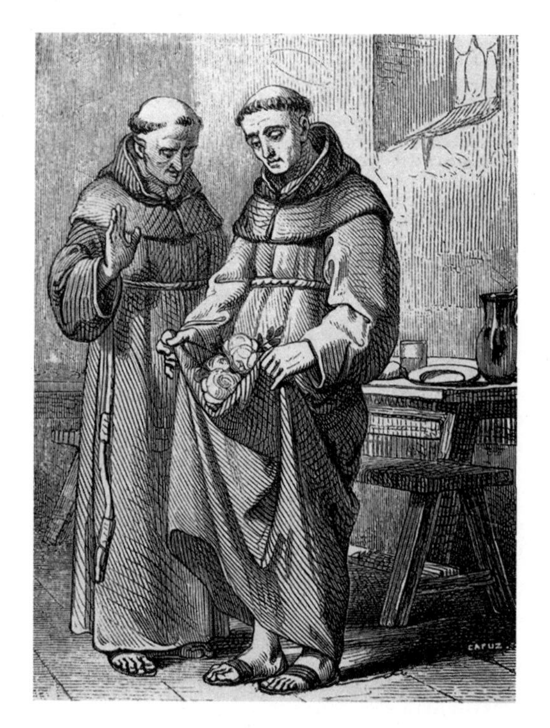

그녀들은 수도원의 수도승들과 마찬가지로 눈앞에 있는 질병에 대처해야만 했고, 심지어 음지에서는 산파의 역할도 했다. 그녀들은 이전 세대로부터 그 지역에서만 자라나는 식물을 활용한 치료법을 구전받았다. 이 능력 있는 치료사들과 유명한 학자들의 공통된 의견은 인간의 신체는 자연, 영혼 그리고 천체와의 미묘한 균형을 이루고 있다는 점이었다. 이들은 치료할 때 진정 효과가 있는 연고, 마법 부적 가끔은 기묘한 주문 등 다양한 방법을 사용하였다.

의학이 수도원 바깥에서 행해지기 시작하면서, 전문 의사(남성)들은 민간의학을 경시하는 경향을 보였다. 그러한 이유는 자신들의 입지를 유지하기 위해서였을 것이다. 그들 중 몰상식한 일부는 여성 치료사들의 의도가 불순하다고 의심하기까지 했다.

⬆ 라틴어와 그리스어로 교육받은 베네딕트 수도회의 수도승들은 식물 연구와 약초의 의약적 사용에 큰 의미를 부여했다.

의사에게 더 많은 권한이 생기면서 상황은 더 심각해졌다. 대발견 시대에 이르러 새로운 약초, 의약품 그리고 치료법이 전 세계에서 빠른 속도로 전파되었다. 의학이 규제를 받아야 할 때가 도래한 것이다. 교육을 받은 남성들은 '가짜 의사들'이 늘어나고 있다고 지적하며, '공식 의사' 자격을 부여할 권한을 요청했다. 이에 1518년, 헨리 8세는 새로운 의사 협회를 위한 왕실 허가를 내렸다. (하지만 헨리 8세는 1543년에 발표된 약용 식물학자들의 헌장을 통해 비전문가들에게도 법적 권리를 부여함으로써 이중적 태도를 취했다) 이렇게 창립한 '의사 협회'는 17세기 말까지 이름에 '왕실'이라는 단어를 사용하지 않았지만, 그럼에도 의사 면허를 주고 규칙을 제정하는 권한을 가지고 있었다. 그들은 의사 시험을 만들었고, 그 시험에 합격한 이들은(물론 가격을 지불해야 했다) 의사 협회의 일원이 되어야만 했다.

당시 의사들이 모두의 사랑을 받은 것은 아니었다. 특히 의료 과실과 연루된 이들은 의사를 별로 좋아하지 않았다. 옥스퍼드나 케임브리지 대학교에서 수학하지 않은 의사는 의사 협회의 회원이 될 수 없었고, 당연히 여성은 아예 입학이 허용되지 않았다.(최초의 여성이 면허를 받은 것은 1910년이었다)

하지만 대부분의 의사들은 환자들의 건강을 돌보는 일을 충실히 해냈다. 의사 협회는 의료 기준을 개선했고, 1627년에 산업 노동자들이 겪은 문제와 1726년에는 진(Gin)을 과음하여 알코올 중독에 걸린 사람들의 문제에 대해 보고하며 공중 보건 조치를 청원했다.

1618년, 의사 협회는 표준화된 약물 목록을 기록한 '런던 약전'을 발간했다. 이는 표준 약물서로는 최초 출간이었으며, 1864년까지 사용되었다. 하지만 한 가지 문제가 있었다. 바로 대부분이 라틴어로 작성되어 일반 사람들이 이해하기 어려웠던 것이다. 그로 인해 이는 의사들만의 전문성을 공고히, 또 폐쇄적으로 만드는 발판이 되었다. 게다가 '런던 약전'은 저작권이 강력하게 보호된 책이었으며 매우 비쌌다.

사실상 의사 협회 의사들이 의료 독점권을 가지고 있었지만, 환자들의 수요를 따라가기에는 인원이 충분치 않았다. 일반적으로 의사 협회에는 60명의 회원과 면허료를 지불한 실무자 110명 정도만이 있었다. 당연히 그들로 충분할 리가 없었다. 심지어 가난한 사람들은 의사의 진료를 받아도 처방약을 구매할 수가 없었다. 처방약은 약사협회가 제공했는데 약사들이 처방약에 추가 금액을 붙였기 때문이다.

니콜라스 컬페퍼의 할머니는 그가 어린 아이였을 때부터 약용 식물에 대해 가르쳐 주었다. 그는 윌리엄 터너(William Turner)가 1568년에 쓴 책 '새로운 약초서'을 좋아했다. 또한 컬페퍼는 별에도 매료되어, 10세 때 크리스토퍼 헤이던(Sir Christopher Heydon)의 '점성술의 옹호와 방어'를 읽었다.

치료에 관심이 있던 컬페퍼는 런던 약제사에 견습생으로 들어갔다. 약제사에게 라틴어를 가르쳐 주고, 그 대가로 약제사의 지식과 기술을 배웠다. 그의 스승이 1639년에 사망하자, 컬페퍼는 사업을 이어받았다. 그리고 결혼 후 런던 외곽에 위치한 시골 스피탈필즈(Spitalfields)라는 곳에서 진료소를 설립했다.

컬페퍼는 재정적으로 넉넉한 상황은 아니었지만 치료비를 지불할 수 없는 사람들에게 관대했다. 치료의 대가로 아무것도 받지 않기도 했으며, 돈이 없다고 해서 치료를 거부한 적도 없었다. 그는 의사 협회의 독점적인 행태를 "피를 빨아먹는 흡혈귀"라 부르며 비난했다. 그는 의사 협회가 실제 독성이 있는 약초를 처방한다거나 체내의 혈액을 빼내는 비과학적인 치료법을 행한 것에 매우 분노하기도 하였으나, 그 치료법을 통해 실제 환자들의 상태가 나아지는 경우도 있어 의아해했다.

영국 내전(1642-51)은 컬페퍼에게 중대한 변화를 가져왔다. 그는 전선에 직접적으로 나서 싸우기에는 유능한 의사였기에 참전에서 배제되었고, 그 사실에 무척 실망했다. 하지만 그는 왕실의 문제 있는 의료 관행을 답습하는 대부분의 이발사와 의사들을 '왕실의 얼간이들'이라고 비난했다.

엘리자베스 여왕 1세 때 창립된 '인쇄업자 협회'가 영국 연방에 의해 해체되면서 이전에 출판이 금지되었던 새로운 책들이 시장에 나올 수 있었다. 이는 컬페퍼에게 희소식이었다.

영국 의사 협회는 전쟁으로 심각한 피해를 입었다. 당연히 컬페퍼에게는 기쁜 소식이었지만, 문제가 생겼다. 환자를 치료할 이가 아무도 없었기 때문이다. 컬페퍼는 동포들과 약사, 의사들이 청구서에 적힌 내용을 이해할 수 있도록 라틴어와 그리스어로 쓰인 약전을 영어로 번역하자는 해결책을 제시했다. 컬페퍼는 "의사들은 오랜 시간, 처방전을 일반인이 알아볼 수 없는 라틴어로 쓰면서 의학 지식을 볼모로 자신들의 권위를 비밀스럽게 유지해 왔다."라며 의사들을 맹렬히 비난했다.

1649년에 '런던 처방서의 역서'가 출간되었다. 이 책은 내용이 정확하고 완성도가 높았으며 모든 식물명을 영어로 표기했다. 그는 의사들에게 모욕감을 주기 위해 한술 더 떠서, 그가 동의하지 않는 부분에 주석을 달아 직설적으로 지적했다. 그는 심지어 의사들이 추천한 희귀한 종류의 식물 대신 그 대안으로 값이 싼 야생 식물을 제시했다. 이와 같은 컬페퍼의 행동에 의사들은 매우 분노했다.

➡ 컬페퍼의 '약초'라는 책에 수록된 사리풀(Henbane), 독당근, 그리고 망종화(Hypericum)의 조각 그림. 1652년.

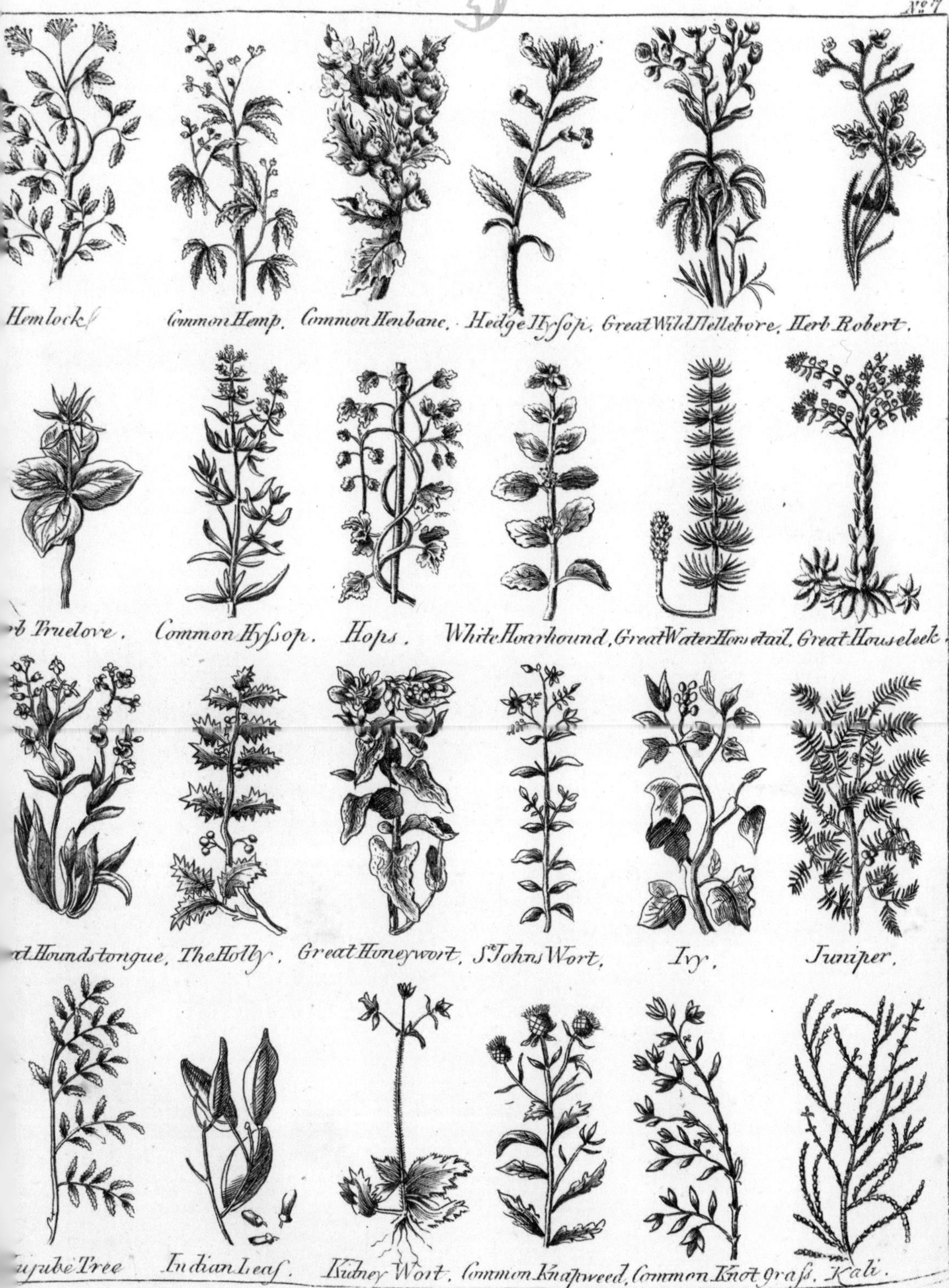
Hemlock
Common Hemp.
Common Henbane.
Hedge Hyssop.
Great Wild Hellebore.
Herb Robert.
b Truelove.
Common Hyssop.
Hops.
White Hoarhound.
Great Water Horsetail.
Great Houseleek.
d Houndstongue.
The Holly.
Great Honeywort.
St Johns Wort.
Ivy.
Juniper.
ujube Tree
Indian Leaf.
Kidney Wort.
Common Knapweed.
Common Knot grass.
Kali.

Mr. NICHOLAS CULPEPER.
DEPARTED THIS LIFE 19 of January, 1654.
ENGLIS
H E
TO WH
Upwards of On
MEDICINAL
The CURE of all
RULES for Compounding
FAMI
And

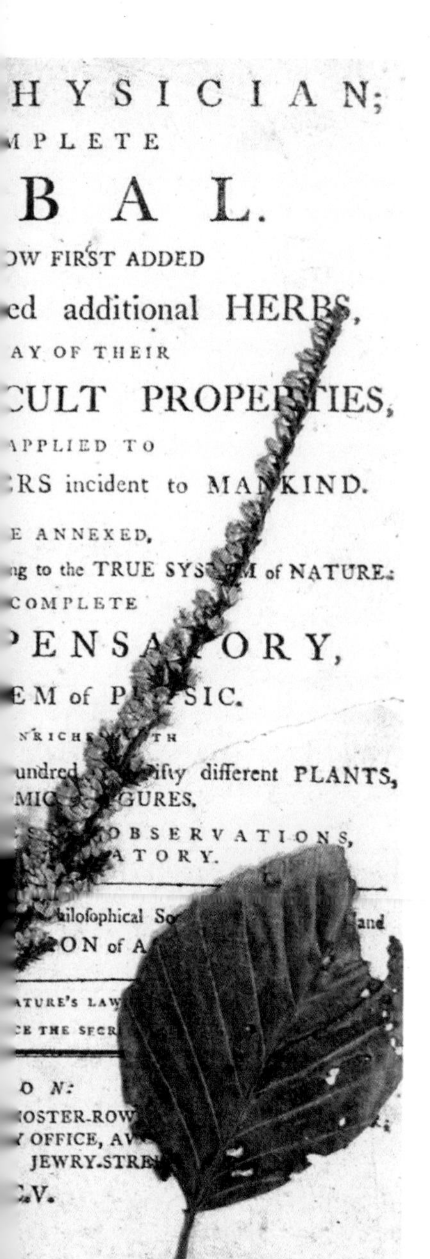
HYSICIAN;
IPLETE
BAL.
OW FIRST ADDED
ed additional HERBS,
AY OF THEIR
CULT PROPERTIES,
APPLIED TO
RS incident to MANKIND.
E ANNEXED,
ng to the TRUE SYSTEM of NATURE:
COMPLETE
PENSATORY,
EM of PHYSIC.
undred ... fifty different PLANTS,
MIC ... GURES.
OBSERVATIONS,
ATORY.
hilofophical So... and
ON of A
ATURE'S LAW
CE THE SECR
D N:
OSTER-ROW
OFFICE, A
JEWRY-STRE
LV.

영국에서 발간된 왕당파 신문인 '메르쿠리우스 프라그마티쿠스'(Mercurius Pragmaticus)는 "니콜라스 컬페퍼가 번역한 약전은 매우 저급한 영어로 쓰였다."며 그를 비판했다. 하지만 비판하는 일 외에 합법적으로 저술한 그의 책에 분노를 표할 다른 대응책은 없었다. 게다가 이제 사람들은 컬페퍼의 저서를 통해 자신만의 방법으로 건강을 유지할 수 있었기에 그 비판은 아무런 영향을 끼치지 못했다.

1652년에 출간된 '영국 의사: 영국의 평범한 약초에 관한 천문학적이고 의학적인 논의'는 그의 대표작이다. 오늘날 우리가 '컬페퍼의 약초서'로 알고 있는 책이다.

물론 이 책이 유일한 약초서는 아니었다. 윌리엄 랭햄(William Langham)이 쓴 '건강의 정원'은 컬페퍼의 저서와 같은 해에 나왔으며, 컬페퍼 스스로도 다른 이들의 책을 참고했다고 말했다. 하지만 컬페퍼 저서의 특이점은 그가 일반 사람들을 대상으로 썼다는 데 있다. 그는 화려한 목판과 가죽 표지를 선택하지 않았다. 그의 저서는 소박하고 휴대가 쉬운 작은 크기라 빠르게 참고할 수 있었으며, 무엇보다 가격이 저렴했다. 이 책은 단돈 3펜스로, 평범한 노동자 하루 임금의 절반 가격이었다. 그 덕분에 대중들은 손쉽게 그의 책을 읽을 수 있었다.

컬페퍼는 영국인의 몸에는 영국의 약초가 맞다고 믿어 쉽게 구할 수 있는 평범한 야생 식물을 찾았다. 또한 그는 약징주의와 별에 대한 열정을 활용하여 각각의 식물에 별자리를 지정했다. 하지만 일부 종교인들은 성서에 태양, 별, 달이 식물보다 뒤에 창조되었다고 분명히 언급되었다는 점을 들어 "컬페퍼는 성서를 제대로 알지 못한다."며 불쾌한 내색을 감추지 않기도 했다.

컬페퍼의 '약초서'는 곧바로 매진되어 여러 차례 재판되었다. 물론 저작권이 없었기 때문에 컬페퍼는 끊임없이 표절의 피해자가 되었다. 하지만 컬페퍼 자신도 다른 이들의 저작권을 침해하는 입장이었기 때문에 할 말이 없었다. 대신 사람들이 잘못된 정보로 약초를 오용하지 않도록 위조된 책에 약초 사용법이 잘못 기록된 부분을 목록으로 만들어 배포하기도 했다.

⬅ 19세기에 출간된 니콜라스 컬페퍼의 '영국 의사' 초판 앞표지. 저자의 모습을 로맨틱하게 표현하였다.

1794년, 이 책은 '컬페퍼의 약초서'로 널리 알려지게 되었다. 그때부터 많은 판본들에 정교하게 작업되고 수작업으로 색칠된 삽화가 들어갔고, 표지 안쪽에는 저자의 초상화가 포함되었다. 세월이 지나가면서 그의 외모는 표지 그림과는 다르게 믿을 수 없이 변모했지만 그는 딱히 신경쓰지 않았을 것이다.

1810년 판은 약초와 별들이 컬러로 인쇄되었고 인체 해부학 그림도 포함되었다. 이즈음부터 컬페퍼의 약초서는 가족과 동물들을 위해 가정 의료용 약초 혼합물을 만들 필요가 있던 주부들의 필독서가 되었다.

영국이 다시 왕정 체제로 돌아가면서 질서가 회복되었다. 출판사들은 검열 업무를 재개하였고 의사들은 저작권을 되찾았다. 그러나 이미 약초의 비밀은 밝혀진 후였다.

서양 고대사에는 두 가지 주요 학파가 존재했다. 인체의 작동 원리를 설명하는 '4체액설'이 그중 하나였다. 그 이론은 고대 그리스에서 처음으로 체계화되었으며, 사실 그보다 훨씬 오래전에 생긴 것으로 알려졌다. 흥미로운 점은 중국의 전통 의학에도 비슷한 개념이 존재한다는 것이다. 체액은 인간의 몸 안에서 액체의 형태로 존재하는 체액들을 의미하며, 혈액, 점액, 흑담, 황담이다. 4개의 체액은 공기, 물, 대지, 불이라는 네 가지 원소와 상응되며 일부는 계절하고 연관 짓기도 했다.

4체액설에 따르면, 건강한 사람은 네 가지 힘이 균형을 이루었다. 그러나 균형에 미묘한 변화가 생기고, 하나 또는 그 이상의 체액이 과잉 또는 부족한 상태가 된다면 질병이 생길 수 있다. 체액의 부족한 부분을 약초와 다른 약물로 보충해야 하며, 과잉 상태 시 피를 빼거나 위장에 자극을 주는 약물이 사용되었다. 고대 의사인 히포크라테스와 갈레누스는 모두 체액 이론을 옹호했으며, 이 개념은 19세기까지 인기가 있었다.

약징주의(Doctrine of signatures)는 식물이 유사한 형태의 장기와 관련된 질환을 치료할 수 있다고 주장한다. 예를 들어 심장과 비슷한 형태의 식물은 심장 관련 질환에 효과가 있다고 믿었다. 또 다른 예를 들어 보면, 혈근초(Sanguinaria canadensis)는 붉은 액체가 분비되기 때문에 혈액 장애가 있는 경우 사용되었고, 뇌와 유사하게 생긴 호두 또한 두통 치료에 사용되었으며, 치질풀(Ficaria verna)의 굵은 뿌리는 항문 질환에 이상적인 치료제로 여겨졌다. 이 이론은 중세에 매우 인기 있었으며, 스위스 의사 파라

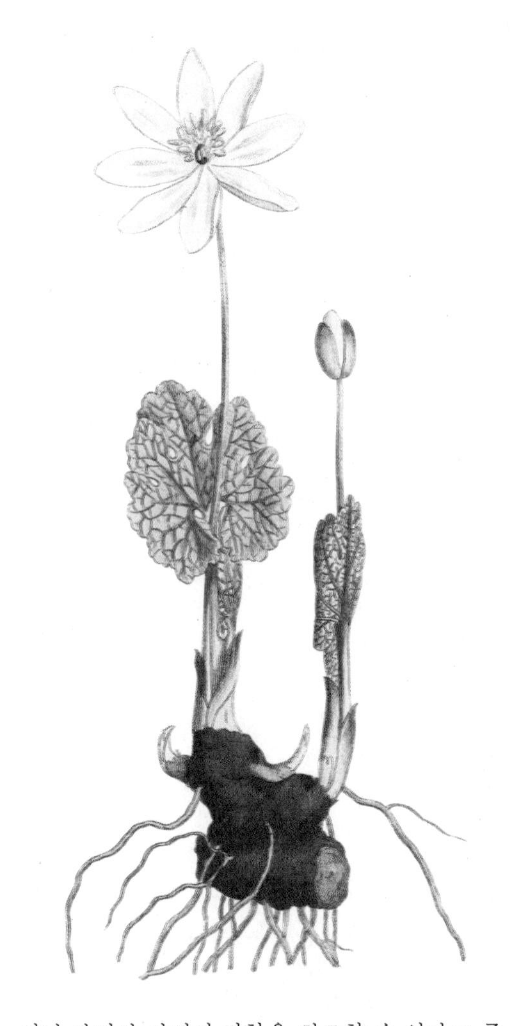

⬆ 영국의 식물학자 윌리엄 커티스(William Curtis)의 식물학 잡지에 실린 혈근초 그림. 1792년.

➡ 디타니(Dictamnus dasycarpus)의 식물 표본. 1867년.

HERBARIUM
1867.
HOOKERIANUM
Ex herbario horti Petropolitani.

Juglans regia L.

켈수스(Paracelsus)의 연구에서 이름을 얻었다. 파라켈수스는 신이 각 식물의 치유 효과에 따라 표식을 남겼거나 '서명'을 한 것이라고 설명했다.

하지만 약징주의에는 여러 문제가 있었는데 특히 어떤 식물이 무엇을 닮았는지에 대해 모두가 합의하기 어렵다는 점이 그중 하나였다. 때로는 실제로 효과가 있기도 해 중세 약초학자는 이 이론을 치료법을 기억하기 위한 보조 기억법으로 활용했다. 예를 들어, 아이브라이트(Euphrasia)는 눈과 관련된 증상에 효과가 있었다. 아이브라이트의 생김새가 눈과 닮은 면이 있었기 때문에 외양을 보고 어떤 치료에 효과적인지를 기억하려고 했을 것이다.

식물 표본집(herbarium)이라는 단어는 17세기 후반의 식물학자 조제프 피통 트 투른포르(Joseph Pitton de Tournefort, 1656-1708)가 자연에서 채집한 그의 식물 표본을 묘사할 때부터 사용되었다. 이후 이 용어는 말린 식물 표본을 개인 소장하는 것을 가리키기 시작했다. 모든 생물의 명명법을 체계화한 스웨덴의 식물학자 칼 린네(Carl Linnaeus, 1707-78)는 그 이전에 사용되었던 '건조한 정원'(hortus siccus)보다 '식물 표본집'이라는 단어를 더 선호했고 그 후 이 용어가 쭉 사용되었다. 오래된 '식물 표본집'의 다수는 과학 또는 교육 기관에 있다. 파리의 국립자연사박물관은 950만 개의 샘플을 보유하고 있다. 또 큐 왕립 식물원은 700만 개의 샘플을 보유하고 있는데 이 중에서 33만 개는 기준 표본이며 혈관 식물류의 95%도 포함되어 있다. 이끼와 같은, 혈관 식물류 이외의 표본은 자연사박물관에 보관되어 있다. 큐 왕립 식물원의 컬렉션에는 매해 2만 5천여 종의 표본이 추가되고 있다.

큐 왕립 식물원의 컬렉션은 1841년, 이곳의 원장인 윌리엄 후커(William Hooker)가 만들었다. 그 시작은 윌리엄이 자신의 집에 보관한 개인 소유의 식물 표본을 식물원의 방문객과 직원에게 공개한 시점으로 거슬러 올라간다. 1852년, 이 식물 표본은 정원 내에 있는 헌터 하우스로 이동하여 영국의 식물학자인 윌리엄 아널드 브롬필드(Dr. William Arnold Bromfield)의 컬렉션과 합쳐졌다. 이후 식물학자들이 원정 중에 모은 식물 표본의 기증이 점차 늘어나면서, 큐 왕립 식물원의 식물 표본실은 세계에서 가장 중요한 곳 중 하나가 되었다.

식물 표본집은 오늘날에도 여전히 중요한 역할을 한다. 초기에는 책의 형태로 제작되었다. 현대의 식물 표본은 각기 따로 보관되어 식물의 진화와 역사에 대한 이야기를 담고 있다. 고대 식물 표본집은 우리로 하여금 이름 이외의 다양한 정보를 통해 변화하는 식물 표본을 식별하도록 도움을 준다. 세기마다 식물의 이름은 변할 수 있지만, 말린 표본은 그대로 보존되기 때문에 우리는 역사적으로 특정 시점에 작가가 부여한 특별한 이름이 정확히 무엇을 의미하는지 알 수 있다. 또한 현대 식물과 고대 식물 표본을 비교함으로써 DNA를 통해 식물 군집을 재정의하고, 기후 변화와 오염과 같은 현대 문제를 통제하는 데에도 활용할 수 있다.

⬅ 쾰러의 '약용식물도감'에 수록된 호두나무 그림. 1887년.
호두는 두통을 치료한다고 알려져 있다.

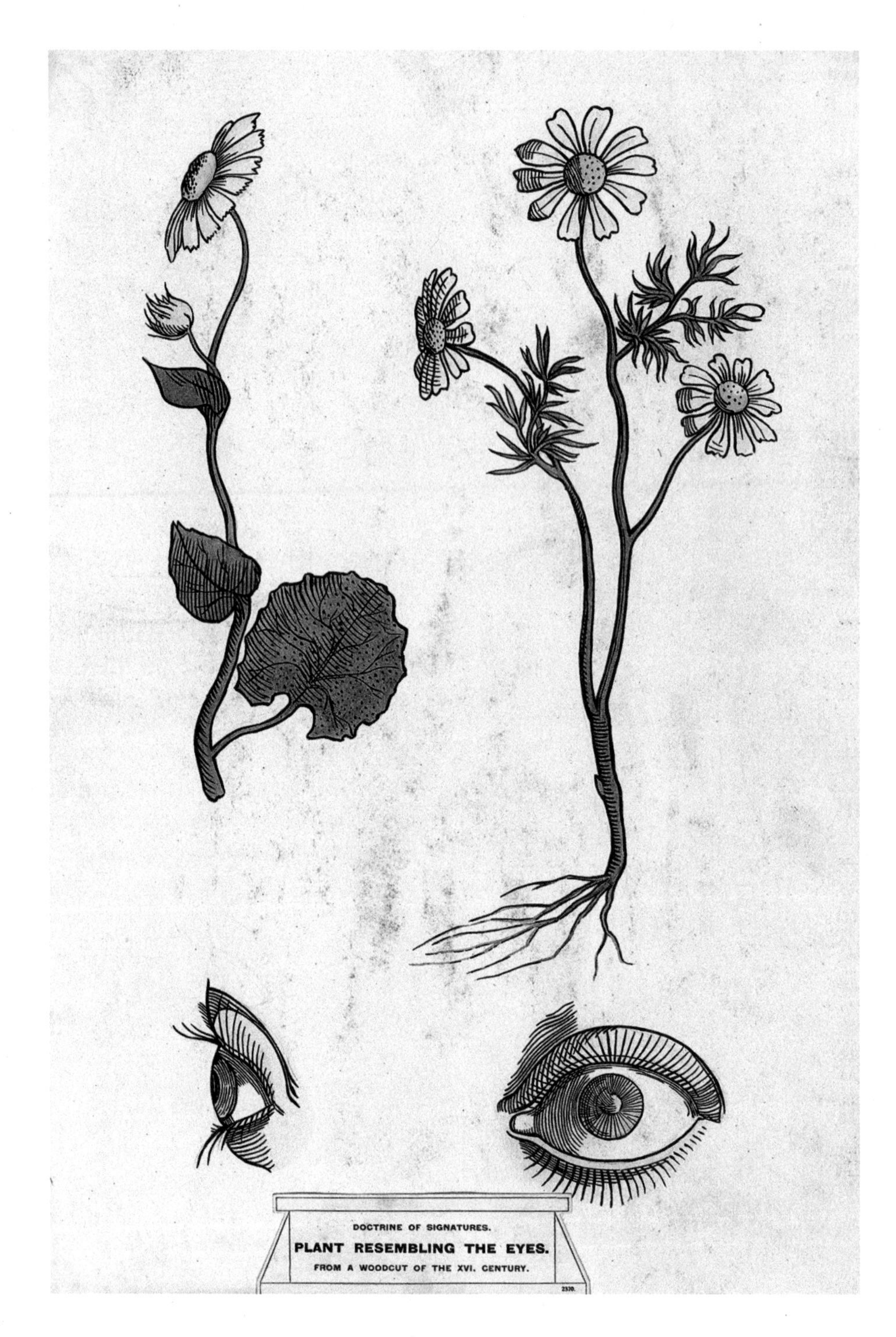

⬆➡ 이탈리아의 학자이자 예술가인 G.B. 델라 포르타(G.B. Della Porta, 1535-1615)가 그린 약징주의를 설명하는 두 장의 그림. 1923년.
하나는 눈을 닮은 꽃을 보여주고 있으며 다른 하나는 자궁을 닮은 씨앗 머리이다.

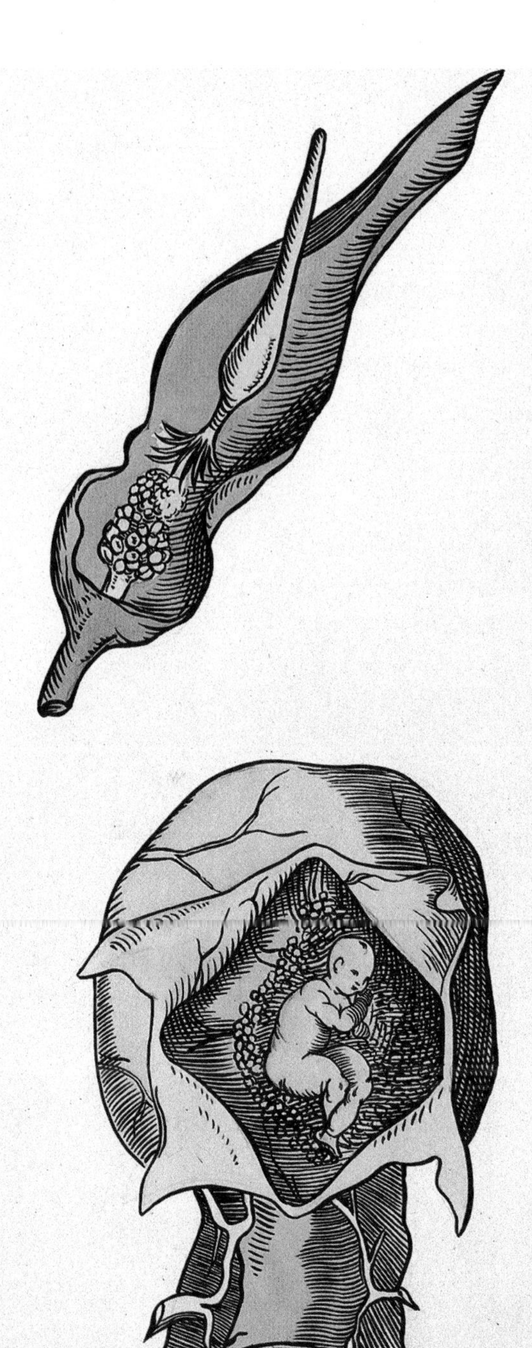

DOCTRINE OF SIGNATURES

PLANT RESEMBLING THE UTERUS.

FROM A WOODCUT OF THE XVI. CENTURY.

아이브라이트

Eyebright · *Euphrasia*

스코틀랜드에는 만약에 친구가 진짜 진실을 말하는지 알고 싶으면, 주머니 속에 아이브라이트를 넣어보라는 이야기가 있다.

이 민담은 주머니 속에 아이브라이트를 넣는 것이 왜 친구가 거짓말을 못 하게 만드는지, 또는 어떻게 거짓말이라는 걸 알게 하는지 등의 구체적인 방법은 정확히 설명하지 않는다. 앞뒤 설명 없이 전해지는 이야기는 고전이 가지고 있는 흔한 문제이다. 특수한 경우가 아니라면 심각한 문제는 안 되지만, 약초 재배법이 구전으로 내려올 때는 중요한 설명이 누락된 것이 문제가 될 수도 있다.

아이브라이트의 특징은 잘 알려져 있는데, 특히 '약징주의'를 설명하는 고전적인 예시로 사용된다. (47쪽 참고) 해마다 피어나는 아이브라이트는 여러 변종이 있으며 '요정 아마', '그리스도의 눈', '새의 눈' 또는 '기쁨 꽃'으로 불리며 주로 석회질이 많은 너른 초원에서 자란다. 가지각색의 녹색 풀들에 둘러싸여 있어도 톱니 모양의 잎은 쉽게 눈에 띈다. 7월에서 9월 사이, 아이브라이트 무리는 가운데가 검은색과 노란색으로 이루어진 눈동자 모양을 자랑하는 흰색 또는 보라색의 작은 꽃을 잔뜩 피워 낸다.

고대 그리스에서 이 식물은 환희와 기쁨의 여신인 '에우프로시네'(Euphrosyne)의 이름으로 불렸다. 아마 수 세기 동안 시력 개선에 사용되었기 때문일 것이다. 중세 작가들에 따르면, 아이브라이트는 시력을 회복시킬 수 있고, 염증을 치료한다고 알려져 있다. 또 홍역에 걸린 아이의 눈에 바르면 추후 발생하는 문제를 예방하는 데 도움이 된다고 했다. 이것을 따뜻한 물에 우려 차로 마시거나 액상 추출물 형태로 복용하면, 강력한 탄닌(tannin) 성분으로 인해 기억력을 향상시키고, 기관지 감기를 완화시키며, 콧물을 그치게 하는 데 좋다고 한다. 1616년에 출간된 저베이스 마컴(Gervase Markham)의 저서 '시골 농장'에서는 건강을 위해 매일 아이브라이트로 만든 와인 한 잔을 마시기를 권장했다.

컬페퍼는 아이브라이트가 빛과 시력을 명확하게 하는 효과가 있기 때문에 태양의 꽃이라고 말했다. 그는 "만약 이 약초가 제때에 잘 사용된다면, 안경 제작자들의 수입이 반으로 줄어들 것이다."라고도 했다. 실제 프랑스에서는 이 식물이 '안경을 부수는 자'(casse-lunette)로 알려져 있다. 하지만 아이브라이트와 비슷한 이름을 가진 식물들이 많기 때문에, 눈에 바로 사용할 때는 매우 주의를 요한다.

아이브라이트는 다른 식물의 보호를 받지 않는 한, 정원에서 잘 자라지 못하는 식물이라는 평판이 있다. 그 이유는 이것이 반기생성 식물로 주변 식물의 뿌리와 줄기에 붙어 자라는 특징을 가졌기 때문이다.

➡ 스코틀랜드의 오크니(Orkney)에서 채집된 아이브라이트의 식물 표본집. 1922년.

ROYAL BOTANIC GARDENS
KEW
The London Catalogue of British Plants, Tenth Edition, No. 1265.
Name Euphrasia borealis, Townsend.
(fide Dennis Lumb, who saw all these
specimens on 7th April 1923).
Popular English Name Common Eye-bright.
Habitat Top of rank grassy cliffs at seashore.
Height above sea level 30 feet.
Station Lingro, Scapa Bay,
Mainland, Orkney.
HERB, KEW.

Labiatae.
Rosmarinus officinalis L.

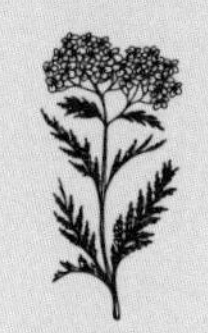

로즈메리

Rosemary · *Salvia rosmarinus*

로즈메리는 치료 효능이 있는 중요한 허브 중 하나이다.
5000년 전, 수메르인의 쐐기 문자판에 처음으로 언급되었고 모든 고대 문명에서 사용되었다.

로즈메리는 고대 이집트인, 로마인 그리고 그리스인에게 신성한 허브로 여겨졌으며, 현대에도 여전히 기독교인과 이교도인에게 성스럽게 여겨진다.

로즈메리는 소나무 잎처럼 작은 잎과 꽃을 가진 상록수로, 지중해 지역 전체에서 야생으로 자라지만 재배가 쉬워 수도원 정원의 주요 식물이 되었다. 전설에 따르면, 이 식물의 보랏빛 파란 꽃은 원래 하얀색이었다. 하지만 성모 마리아가 이집트로 도피하는 동안 로즈메리를 사용하여 빨래를 하였는데, 성모 마리아의 옷에서 나온 파란색이 흰색 꽃을 물들여서 영원히 색깔이 변하게 되었다는 이야기가 있다. 이런 이유로, 열두 번째 밤 자정에 로즈메리를 잡으면 신비로운 꽃을 피워 낸다고 알려졌다.

로즈메리를 재배하는 정원사는 늘 주변에 친구가 있었으며 마녀의 저주를 받는 법이 없었다. 미국에서는 문가에 이 허브를 두면, 행운이 온다고 여겼다. 하지만 종종 여성의 힘과 권위를 상징하는 허브로 인식되어 이것이 잘 자라는 집은 가정 내에서 여성이 남성보다 우위에 있다고 보았다. 따라서 일부 남성들은 친구들에게 집에서 로즈메리를 키운다는 사실을 들키고 싶어하지 않았으며, 재배 자체도 꺼렸다.

로즈메리는 다양한 용도로 사용되었다. 악령, 번개, 부상으로부터 보호해 주며, 사업적 성공과 사랑을 가져다 준다고 알려졌다. 침대 밑에 작은 다발을 두고 자면 악몽을 막아 주고, 이 허브가 들어간 린스는 비듬을 예방한다고 전해졌다. 로즈메리 나무로 만든 숟가락은 독을 해독하며 로즈메리를 담아 만든 허브 상자는 역병을 치료하는 효과가 있다. 소녀들은 이따금씩 이것을 점술용 부적으로 사용해 미래의 남편을 점쳐 보기도 했다.

니콜라스 컬페퍼는 로즈메리를 태양의 식물로 여겨 현기증, 졸음, 치통을 낫게 하는 효과가 있으며 위장의 가스를 제거한다고 말했다. 이 허브의 오일을 인대와 관절 부위에 마사지하거나 바르면 윤활에 도움을 주지만, '찌릿한' 통증이 있으므로 과도한 사용은 주의하며 한 번에 조금씩만 바를 것을 권고했다.

몇 세기 전부터 지금까지 로즈메리가 민간에서 사용된 주목적은 기억력 개선 효과였다. 셰익스피어의 연극 '햄릿'에서 오필리아(Ophelia)가 '이건 기억을 위한 로즈메리'라고 언급한 부분이 있다. 최근 과학 연구 결과를 보면 로즈메리 오일이 실제로 기억력 개선에 효과가 있다고 한다. 따라서 시험 전에 학생들에게 로즈메리 가지를 주던 전통은 타당성이 있는 셈이다.

또한 로즈메리는 기념하는 식물로 사용하기도 한다. 어떤 곳에서는 흰 종이로 둘러싼 로즈메리를 관 속 또는 관 위에 놓는다. 또 호주에서는 이 허브의 야생 서식지인 갈리폴리 반도(Gallipoli peninsula)에서 희생된 군인을 기억하기 위한 육군 기념일(ANZAC day)에 로즈메리 가지를 사용하기도 한다.

⬅ 쾰러의 '약용식물도감'에 수록된 로즈메리. 1897년.

서양톱풀

Yarrow · *Achillea millefolium*

시인 호메로스는 아킬레스가 마법의 약초를 사용해서 군대의 피를 멈추게 했다고 묘사하고 있다.

그리스 영웅인 아킬레스는 지혜와 의학 지식이 많다고 알려진 스승 켄타우로스 케이론의 가르침을 따라 서양톱풀을 가지고 다녔다. 스웨덴의 식물학자 칼 린네는 아킬레스와 연관된 신화를 기념하기 위해 이 약초를 아킬레아(Achillea)라고 이름 지었다. 이전에는 군용 약초(Herba militaris)로 알려졌다.

서양톱풀은 '기사의 식물'(Knight's milfoil), '출혈을 멈추는 풀'(staunch weed), 그리고 '군인의 상처 치유약'(soldier's woundwort)이라는 이름으로 유럽 전장에서 계속 사용되었다. 민간인들은 서양톱풀을 '재채기풀'(sneezewort) 또는 '코피'(nosebleed)라고 불렀는데, 피가 날 때 잎을 코에 넣는 전통에서 온 이름이었다. 재미있는 점은 어떤 약초서에서는 서양톱풀을 피를 멈추게 하기보다 흘러나오게 하는 효과가 있다고 기록되어 있다. 이처럼 민간의학에는 어떤 것도 명확한 것이 없다.

서양톱풀은 거친 줄기를 가진 직립성 식물로 거의 모든 환경에서 자라난다. 스코틀랜드의 헤브리디스(Hebrides) 지역에서는 이 식물의 잎을 눈에 바르면 예지력을 가져온다고 믿었다. 서양톱풀의 라틴어 학명인 '천 개의 잎'(millefolium)은 여러 개로 나뉜 깃털 모양의 잎을 나타낸다. 이는 수백 개의 작은 흰색 또는 분홍색 꽃들이 모인 꽃봉오리를 묘사하기도 한다. 컬페퍼는 꽃 머리만 끓여서 요로 발작, 임질, 궤양, 누공 등 '습기가 과다해서' 생긴 모든 질병을 치료하는 데 사용될 수 있다고 제안했다. 이 약초는 월경 주기를 조절하고 항문을 치료하며 또한 혈압을 낮추는 데도 도움이 되었다고 알려져 있다. 미국 원주민들은 이 약초를 다양한 질병에 사용했지만, 심각한 알러지 반응을 일으킬 수도 있기에 주의해야 했다.

서양톱풀을 문지방에 뿌리면 마녀를 쫓아 주며, 결혼식에서 부부가 함께 먹으면 최소 7년 동안 함께할 수 있다고 믿었다. 아기 침대에 화환으로 만들어 달아두면 악으로부터 보호받을 수 있고, 특히 성 요한의 날(6월 23일)에 수확된 식물이라면 더 효과가 있다고 여겨졌다. 그렇지만 집 안으로 꽃을 가지고 들어오는 것은 불운이라고 여겼다.

서양톱풀은 신점에서 중요한 약초였다. 실제로 줄기는 중국의 신점에서 점괘를 살펴볼 때 사용되었다. 영국에서는 젊은 여성들이 미래의 남편을 점쳐 볼 때 사용된 적이 있으며 주로 엄청나게 복잡한 방법으로 진행되었다. 어떤 여성들은 젊은 남자의 무덤 또는 한 번도 가 본 적이 없는 교회 뜰에서 이 약초를 뽑아 와야 했다. 또 어떤 이들은 아무도 모르게 서양톱풀과 잔디를 잘라서 베개 밑에 두었고, 다른 이들은 오른쪽 양말을 침대 왼쪽 다리에 묶어 이것을 넣고 거꾸로 누워 잠자리에 들면, 달콤한 꿈을 꾸게 된다고 믿었다.

➡ 쾰러의 '약용식물도감'에 수록된 서양톱풀. 1897년.

Achillea Millefolium L.

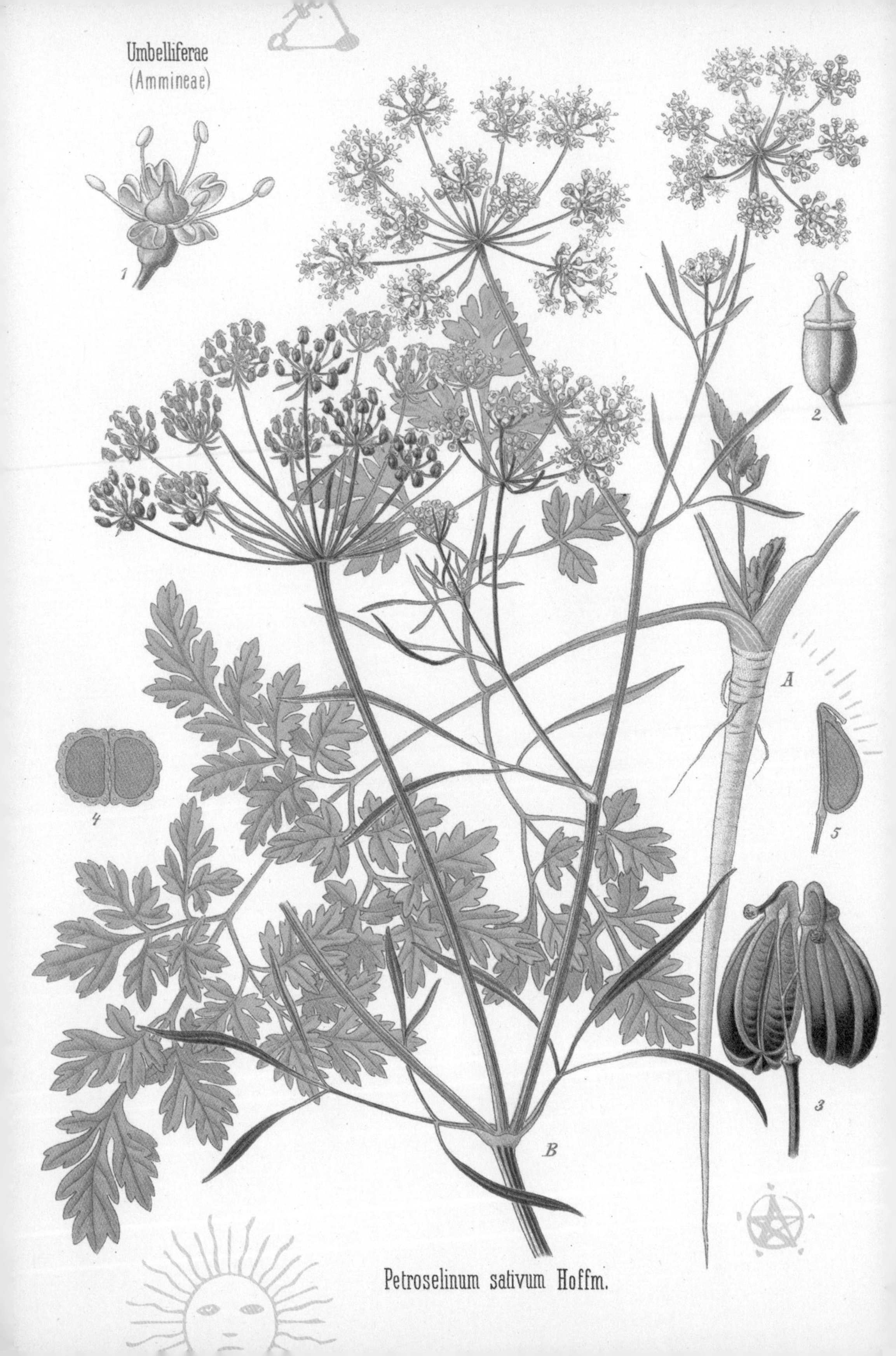
Umbelliferae
(Ammineae)
1
2
A
4
5
3
B
Petroselinum sativum Hoffm.

파슬리

Parsley · *Petroselinum crispum*

악당이나 마녀만이 이 '죽음의 약초'를 성공적으로 키워 낼 수 있다는 소문이 있다.

'가져도 저주받고, 가지지 않아도 저주받는다.' 라는 말은 파슬리에 얽힌 악담 중 순한 편이다. 그리스 신화에 따르면 파슬리는 아르케모로스(Archemorus)가 뱀에 물리고 난 후 흘린 피에서 피어났다고 한다. 로마의 운동선수들은 죽은 자를 기리기 위한 경기에 파슬리 화관을 쓰고 참가하거나 무덤 주변에 이 식물을 뿌렸다.

페트로셀리넘(Petroselinum)은 그리스어로 '돌'을 의미하는데, 지중해 연안에서 자라는 2년생 파슬리는 암석이 많은 야생에서 자라기 때문이다. 파슬리는 뿌리가 희고 두꺼우며, 작은 흰 꽃과 갈라진 잎 모양을 가지고 있다. 그리고 다양한 요리와 의학적 용도에 사용된다. 하지만 재배법이 복잡해 직접 기르고 싶은 사람들은 주의해야 할 사항들이 많다.

파슬리에 대한 악명은 그 씨앗이 나오기 전부터 시작된다. 전설에 따르면 파슬리의 발아가 느린 이유는 악마가 몇 번씩(화자에 따라 세 번부터 아홉 번까지) 방문한 후에만 씨앗이 싹트기 때문이다. 이런 이유로 파슬리는 신성한 날에 뿌려야 하는데 그렇지 않으면 요정들이 훔쳐 간다고 한다. 가장 좋은 시기는 성금요일이다. 파슬리를 옮겨 심는 것은 불행을 가지고 오며, 선물로 받는 것은 더 큰 불행이 따라온다고 전해진다. 그러므로 이 식물을 얻는 유일한 방법은 훔치는 것이다.

또한 파슬리는 여성의 위세가 강한 가정 내에서 잘 자란다고 생각해 영국 동쪽 지역의 일부 남성들은 아들 대신 딸이 태어날까 봐 이것을 심지 않았다. 이 식물을 수확하는 과정에도 재미난 이야기가 있다. 사랑에 빠진 상태에서 파슬리를 베면, 애인이 죽는다고 한다. 이와 마찬가지로 파슬리를 따는 동안 사람의 이름을 말하면, 이름이 불린 사람은 7일 내에 죽는다는 이야기가 전해진다.

하지만 파슬리는 일단 수확이 되면 유용한 허브이다. 지금도 요리의 주재료로 쓰이며, 프랑스의 전통적인 부케에 사용되었고 로마 시대 이후로 쭉 입 냄새 제거제로 사용되어 왔다. 또 로마 시대에 연회가 열릴 때 술에 취하지 않게 해 주는 효과가 있다며 제공되기도 했다. 컬페퍼는 이 허브가 출산 후 산모의 회복에 좋고, 복통과 생리통을 완화하며 소변을 나오게 하는 등 체내를 열어 가스가 배출될 수 있도록 돕는 효과가 있다고 했다. 파슬리를 버터에 볶으면, 유방 통증이 완화되고 넘어져 생긴 멍을 없앨 수 있다고 한다.

많은 문화에서 파슬리는 죽음과 관련이 되었지만, 유대교에서는 부활 그리고 봄의 상징이었다. 또한, 유대인들의 중요한 기념일인 유월절에는 세더(Seder)로 알려진 기념 음식 중 하나로 소금물에 담근 파슬리(karpas)가 제공되기도 했다.

⬅ 쾰러의 '약용식물도감'에 수록된 파슬리. 1897년.

4장

계절들

우리는 바쁜 현대 사회를 살아가고 있지만,
잠시 멈춰서 계절의 변화를 느낄 수 있는 시간을
갖고는 한다. 하지만 옛날에는 각 시기마다 무엇을
해야 할 지 아는 것에 생사가 달려 있었다.
식물을 심는 시기나 수확할 때를 놓치면 가족이
굶주릴 수 있기 때문이다.

1752년에 영국은 달력을 오래된 율리우스력에서 이미 유럽 사람들 대부분이 사용하고 있던 그레고리력으로 변경했다. 사람들은 그 과정에서 사라진 11일을 돌려 달라고 폭동을 일으켰다. 이것은 짧은 해프닝에서 끝나지 않고 삶에 장기적인 영향을 끼쳤다.

어떤 축제들은 달의 변화 단계에 따라 결정되었기에 여전히 예전과 같이 진행되었다. 하지만 여름의 절정인 하지와, 크리스마스는 잘못된 날짜에 해당하게 되었다. 물론 식물들은 이런 상황을 알 리가 없었다. 그러나 이로 인해 전통적인 관습들이 오늘날 시기와 맞지 않아 현대인들의 눈에는 더욱 이상해 보이게 되었다.

봄은 우리 조상들에게 아주 중요한 계절이었다. 로마인들은 꽃의 여신 플로라를 찬양했으며, 그리스인들은 페르세포네(Persephone)가 지하세계에서 돌아온 것을 기념했다. 동지(12월 21일 또는 22일)가 지나면서 낮이 점점 길어졌고, 사람들은 겨우내 먹은 뿌리 채소, 건조된 콩 그리고 말린 약초에 질릴 대로 질려 있었다. 사람들은 서양민들레(Taraxacum officinale), 별꽃(Stellaria media) 그리고 헨리시금치(Blitum bonus-henricus)와 같은 봄 채소의 신선하고 달콤한 끝부분을 모아 식량과 약용으로 사용했다.

정원사들은 새로운 야생 식물이 자라나는 것을 보고 자신들의 작물을 심을 시기가 되었다고 생각했다. 하지만 이 방법은 절대적으로 믿을 만한 방법은 아니었다. 한파가 찾아오면, '가시자두 겨울'이라고 불렸는데 가시자두(Prunus spinosa)가 꽃을 피운 후 갑자기 서리가 찾아오기 때문이었다. 이에 어린 묘목은 피해를 입곤 했지만, 그해 수확이 풍성할 거라는 조짐으로 여겨지기도 했다. 늦은 봄이나 초여름에 갑자기 내리는 눈인 '양파눈'(Onion snow)이 늦게 내리는 것도 좋은 뜻으로 해석되었다. 적어도 양파와 같은 파속 작물에게는 말이다. 정원사 중에는 작물을 심을 적절한 시기를 결정하기 위해 새들을 이용했다. 할미새(Wagtail)는 먹이를 잡기 위해 꼬리를 흔드는 행동에서 연상되어 '감자 심는 자, 감자를 떨어뜨리는 자'로 알려졌다. 반면에 스코틀랜드에서는 첫 제비를 보면 작물을 심을 시기가 되었다고 생각했다.

부활절은 달의 축제로, 첫 번째 보름달 이후 또는 낮과 밤의 길이가 같아진 춘분이 지난 첫 번째 일요일이었다. 부활절은 정원사에게 중요한 시기였다. 지금도 부활절이 있는 주말은 정원용품점이 1년 중 가장 바쁜 시기이다. 성금요일은 특히 행운의 날로 여겨졌는데 이는 악마가 무력해진 상태이기 때문이다. 만약 성금요일 정오에 카네이션 씨를 뿌린다면, 기적적으로 두 겹의 꽃이 핀다고 전해졌다.

봄에는 다양한 약초들이 넘쳐났다. 일반적으로 가시금작화(Gorse)의 밝은 노란색은 가벼운 코코넛 향이 나며 키스의 시즌이 돌아왔다는 것을 알린다. 또한 가시금작화의 노란색 꽃들은 금이 들어오길 기원하는 상징적 행위로 강물에 놓이기도 했다. 또한 알칸나(Alkanna tinctoria) 꽃은 여름에 피어났는데, 컬페퍼는 염료와 여러 가지 연고로 사용되는 알칸나의 길고 곧은 뿌리가 효능이 가장 좋을 때는 줄기가 솟아오르기 전이라고 기록했다.

푸르른 약속으로 차오르는 봄 후반과 초여름은 놀랍게도, '배고픈 시기'로 알려져 있다. 이 시기는 저장된 식량은 점차 줄어들고 새로 심은 작물은 아직 수확할 만큼 자라지 않아, 수확기를 간절히 기다려야 하는 시기이기 때문이다.

➡ 큐 왕립 식물원 정원에서 수집된 별꽃의 식물 표본. 2008년. 이 식물은 봄의 첫 번째 약초 중 하나이다.

The Wild Flora of Kew Gardens

Name: *Stellaria media* (L.) Vill.

Vern. name: Chickweed

Location: North Arboretum: on a small heap of soil being stored in the Paddock behind the Banks Building (zone 104)

Notes: Luxuriant shade form

Date: 23 June 2008

Collector: T.A. Cope **No.:** RBG 115

하지는 여전히 많은 사람들에게 가장 강력한 시기로 여겨지며 풍요로운 3개월의 시작을 나타낸다. 그러나 하지의 정확한 시기에는 약간의 혼돈이 있다.

하지는 라틴어로 '태양이 멈춘다'는 의미를 가지고 있다. 진정한 의미의 하지점과 동지점은 각각 여름과 겨울에 태양이 북쪽이나 남쪽의 극한 지점에 도달하는 찰나의 시간을 뜻하며, 그 주변 날은 연중 가장 짧거나 가장 긴 날이 된다. 북반구에서 하지는 6월 21일 또는 22일이다. 기독교에서 중요한 기념일 중 하나인 성 요한의 탄생일은 6월 24일이다. 이에 더해 성 요한 탄생일 전날인 6월 23일부터 율리우스력의 하짓날인 7월 6일까지에는 여러 길일이 있다. 요정을 보는 날, 남편에 대한 꿈을 꾸는 날, 악마를 피하는 날, 그리고 다양한 질병을 치료하는 날 등에 이 사이 날짜들이 사용되었다.

마편초(Verbena officinalis), 화이트 세이지(Salvia apiana), 딱총나무(Sambucus nigra) 그리고 망종화 등 많은 약초들은 성 요한의 날인 6월 24일에 힘의 정점에 이른다고 전해졌다. 흥미로운 사실은 6월 22일, 가장 가까운 보름달이 뜬 날 잡초의 힘이 제일 약하기 때문에 잡초 베기가 권장되었다는 것이다. 성 스위딘의 날(7월 15일)에 비가 오면, 사과 과수원에 축복이 내린다고 전해졌다. 그러나 전통적으로 그날 비가 내리기 시작하면 39일 이상 비가 지속된다고 알려졌다.

삼복 더위를 지나 밤 기온이 점차 낮아지고 수확의 때를 알리는 보름달이 뜨면 가을을 예고하지만 아직 해야 할 일이 많다. 농부들은 수확제(8월 1일)부터 작물을 수확하지만 여전히 이 시기는 식품 저장고도 매우 바쁜 때이다. 부지런히 농경지에서 약초, 열매류, 과일류, 버섯을 찾아 알코올이나 시럽에 보존하고 건조해야 했다. 예로부터 아룸 마쿨라툼(Arum maculatum)을 소똥과 함께 으깨면 통풍을 완화한다고 믿었다. 독일 민담에 뽕나무(Morus)는 악마가 그 뿌리로 신발을 닦기 때문에 악으로 여겨졌다고 한다. 하지만 뽕나무 껍질은 뱃속 기생충을 죽이고 잎은 치질을 완화하며 열매는 입과 목 안에 난 상처를 치유하는 시럽으로 만들 수 있다고 전해진다.

이 무렵은 육체와 영혼을 정화하는 시기이다. 미국 원주민의 '스머징'(smudging)은 몸과 물리적 공간을 정화하기 위해 연기로 하는 목욕이다. 담배, 세이지, 세드러스(Cedrus), 라벤더와 같은 약초 다발과 풀을 태운 후, 깃털로 만든 부채를 사용하여 연기가 몸 주위를 향하도록 유도한다.

추분은 9월 23일경인데, 수확 잔치와 더불어 풍요로운 시기이다. 옛날에는 성 미카엘의 날(9월 29일)을 수확의 마지막 날로 여겼다. 아스테르 아멜루스(Aster amellus)는 여름의 마지막 꽃 중 하나이며, 이런 이유로 이별과 연관된 꽃으로 여겨진다.

전통적으로 풍성한 열매 수확물, 특히 유럽호랑가시나무(Ilex aquifolium)의 열매는 혹독한 겨울을 예언하며, 사과와 양파의 두꺼운 껍질도 마찬가지이다. 이 시기에는 집 안에 머무르면서 다양한 형태로 보존된 약초를 활용해 맛있게 음식을 만들고, 겨울 질병을 치료했다.

⬅ '폭풍을 부르는 마법사'- 날씨를 조종하는 마녀 조각. 16세기.

겨울철의 모든 일이 끔찍했던 것만은 아니었다. 산업 시대 이전 시골 지역에서 수확이 끝난 후에는 할 일이 거의 없었지만, 그 자체가 축제의 이유가 되었다. 로마의 사투르날리아 축제, 노르웨이의 율 축제, 그리고 기독교의 크리스마스는 모두 겨울 동짓날 근처였으며, 고단했던 한 해를 마무리하고 즐기는 시기였다. 파티 장식을 위해 색을 띠는 모든 식물이 사용되었지만, 이는 가장 신성한 날에만 허락되었다. 특히 겨울철, 호랑가시나무와 아이비는 크리스마스 이브까지 집 안에 들여서는 안 되며, 1월 6일까지 반드시 제거해야 했다.

겨울에는 몇 가지 정원 식물들이 추위로 거의 사라진 곤충을 유혹하기 위해 강렬한 향기를 내뿜는다. 가장 마법 같은 겨울 꽃 식물 중 하나는 버지니아풍년화(Hamamelis virginiana)이다. 작고 엷은 거미줄 모양의 꽃은 공기 중에 강력한 향을 퍼뜨린다. 풍년화의 껍질과 잎은 수렴 작용을 해 피부 질환을 치료하는 데 사용되었고, 오늘날 피부 관리 제품에도 사용되고 있다.

낮이 다시 길어지고 있다. 새들은 노래하고, 곤충 우는 소리가 들린다. 새해가 다가오고 있다.

⬆ 11세기 아라비아 의학서 번역본에 수록된 중세 리크(Leeks) 수확.

➡ '가장 아름다운 꽃들의 선택'이라는 작품에 나온 카네이션. 1824년-1833년.

통증을 낫게 하기 위해

비둘기의 습기 있는 분비물을 가져와 충분한 양의 화란국화(Feverfew)와 함께 신선한 버터에 끓여 굳힌 후, 연고를 만들어서 질병이 생긴 곳에 바르세요.

Œillet Variété.
J. Redouté.
Langlois.

⬅ 영국에서 수집된 세이지의 식물 표본 시트. 1880년.

➡ 영국 바르함(Barham)에서 수집된 아이비의 식물 표본 시트. 1895년.

아이비는 1년 중 겨울에도 여전히 녹색으로 남아 있는 몇 가지 식물 중 하나로 크리스마스 축제를 위해 사용되었지만, 그 시작은 훨씬 더 오래된 시기로 추정된다.

HEDERACEÆ
Hedera Helix (L)
Ivy
NATURAL ORDER Hederaceae
DATE November 3rd 1895
HABITAT Old wall Barham

양벚나무

Cherry · *Prunus avium*

벚꽃은 봄의 상징 중 하나이다. 그중에서도 일본에서 벚꽃은 특히 중요한 역할을 맡고 있다. 일본에서는 이 꽃이 '사쿠라'라고 알려져 있으며, 빠르게 피었다가 아름다운 모습을 뽐내고 빠르게 져 버려 마치 마법 같아 보인다.

하나미는 '꽃구경'이라는 뜻으로 일본에서 가장 중시되는 전통 중 하나이다. 이 전통의 시작은 당나라 때(618-907)로 거슬러 올라간다.

매년 기상 캐스터들은 봄의 처녀가 남쪽에서 북쪽으로 땅을 가로질러 잠들어 있는 나무를 따뜻한 숨결로 깨우는 정확한 시기를 열심히 추적하고 있다. 많은 야생 및 재배 품종의 벚꽃들이 조금씩 다른 시기에 피기 때문이다. 참고로, 가장 주요한 품종인 왕벚나무(Prunus x yedoensis)는 모두 복제되어 동일한 DNA를 공유한다.

일본 사람에게 벚꽃 구경은 기쁨과 숙고의 시간이다. 벚꽃이 피는 기간이 일주일도 채 가지 않는다는 사실은 인간의 삶은 유한하며 덧없다는 사실을 상기시킨다. 이 꽃은 사무라이 계급의 꽃으로 선택되었는데, 짧지만 영광스러운 존재라는 의미를 담고 있다.

코다마(Kodama)는 고대의 벚나무로, 신령 또는 정령이 거주하는 것으로 알려졌다. 각각의 고유한 전설이 있는데 예를 들어, '우마사쿠라'(Uma-sakura)또는 '젖먹이 벚꽃'(Milk-nurse cherry)은 아이를 구하기 위해 목숨을 바친 유모의 유령이 깃들어 있다고 전해진다. 또한 '지로쿠사쿠라'(Jiy-roku-sakura)는 '16일의 벚꽃'이라는 뜻으로 한 사무라이가 이를 지키기 위해 자신의 목숨을 희생한 결과 매년 같은 시기에 핀다고 전해진다.

중국 신화에서 벚꽃은 불멸을 상징한다. 전설적인 불사조가 벚꽃 위에서 잠든다는 이야기 때문이다. 서양에는 벚꽃에 대한 더 다양한 이야기가 있다. 스코틀랜드 일부 지역에서는 벚나무를 마녀의 나무로 생각했다. 옛 영국의 캐럴(Carol)은 이 꽃이 예수 가족의 분쟁을 해결했다고 노래했다. 요셉은 마리아와 함께 체리 과수원을 걷는 동안 아내를 위해 꽃 따기를 거절한다. 그는 마리아에게 임신 시킨 사람에게 가서 말하라고 화를 낸다. 슬퍼하는 마리아를 안타까워 한 태내 속 예수 그리스도는 벚나무에게 가지를 낮춰 달라고 부탁한다. 결국 성모 마리아가 직접 꽃을 딸 수 있게 되었다는 내용이다. 체코에서 전해지는 흥미로운 이야기에선 12월 4일인 성 바바라의 날에 벚나뭇 가지를 집으로 가져와 크리스마스 날에 개화하도록 했다고 한다. 이것은 가정의 행운과 번영을 상징하며 새해의 좋은 운을 기원하는 의미가 있었다.

벚나무에는 다양한 실용적 용도가 있다. 어린이들은 벚나무 줄기에서 나온 수지를 껌처럼 씹었으며, 염료 제작자들은 나무 껍질로 부드러운 갈색을 만들고, 뿌리로는 붉은 자주색을 만들기도 했다. 체리 주스는 기침과 기관지염을 완화하는 용도로 사용되었다. 이처럼 일반적인 건강 음료로 여겨졌고, 마시면 햇빛이 가득한 봄날에 벚꽃이 핀 것처럼 기운을 북돋아 주었다.

➡ 프랑스의 식물학자 뒤아멜 뒤 몽소(Duhamel du Monceau)가 쓴 '프랑스에서 재배되는 과일과 나무에 관한 논문'에서 발췌한 벚나무와 열매를 그린 그림. 1755년.

Tome I. Pl. 58.

The Wild Flora of Kew Gardens
Name: Pteridium aquilinum (L.) Kuhn
Vern. name: Bracken
Location: South Arboretum: Conservation Area (zone 310)
Notes:
Date: 21 July 2008
Collector: T.A. Cope
No.: RBG 182

양치류

Ferns · *Polypodiaceae*

양치류는 지구상에서 가장 오래된 고대 식물 중 하나이다.
선조들은 양치류를 영적으로나 식물학적으로나 매우 신비롭게 생각했다.

'양치류'라는 용어는 꽃이 없는 비꽃 혈관 식물 다수를 뜻한다.(혈관 식물은 식물 내에 물과 영양분을 전달하는 역할을 하는 혈관을 가지고 있다) 일부 비꽃 식물은 약 3억 5천만 년 전인 석탄기까지 거슬러 올라간다. 이 식물은 종종 바위 속에 화석화된 상태로 발견되는데, 식물학자들은 그것들을 '살아 있는 화석'이라 불렀다. 중국의 외딴 지역에서는 500년 된 나무고사리(Alsophila spinulosa)가 발견되었다.

19세기 영국은 '고사리 열병'이라고 불리는 '테리도마니아'(Pteridomania) 현상이 휩쓸었다. 이 당시 귀족들은 바구니와 모종삽을 들고 땅을 샅샅이 뒤지며 외래종인 이국적인 모양의 고사리들을 채집해 뒷마당과 온실을 꾸몄는데, 이는 시골 지역의 생태계를 위험하게 할 정도였다. 다행히도, 이 식물이 가진 가장 신비로운 특성 중 하나인 포자 번식 덕분에 빅토리아 시대 사람들은 발아하는 데 오랜 시간이 걸리는 포자를 놓쳤고, 성숙한 고사리만 수집했다. 고사리는 꽃을 통해 번식하지 않아서 초기 식물학자들을 당황시켰다. 그들은 꽃이 없다는 것을 믿을 수 없어 단지 꽃이 보이지 않을 뿐이라고 가정했다. '약징주의'에 따르면, 실제로 고사리 꽃을 발견하는 사람은 투명 인간의 능력을 얻을 수 있다고 믿었다. 더 나아가 고사리 꽃을 발견한 사람은 새와 동물의 말을 이해할 수 있으며 숨겨진 보물을 찾을 수 있고, 40명의 힘을 얻을 수 있다고까지 주장했다.

고사리를 얻는 다른 방법으로, 사람들은 하지에 태양을 향해 화살을 쏘아 명중한다면, 그 속에 씨앗이 피어나게 된다고 믿었다. 또 다른 전설에서는 사람들이 고사리 아래에 열두 개의 주석 접시를 두었다. 성 요한의 날 자정에 이 접시 위에서 파란색 꽃이 피어날 것이라고 믿었고, 고사리 씨앗이 처음 열한 개의 접시를 통과한 후에 열두 번째 접시 위에 놓인다고 믿었다. 고사리 씨앗 얻기, 참 쉽지 않지요?

고사리는 그들이 상상하는 '투명해질 수 있는 능력' 없이도 유용했다. '피들헤드'(Fiddleheads)라고 불리는 돌돌 말린 어린순은 식용과 약용으로 사용되었다. 봄철에 첫 번째로 수확된 '피들헤드'를 먹으면 치통을 예방한다고 했다. 디오스코리데스는 봉작고사리속(Adiantum capillus-veneris)의 다양한 특성을 나열했는데, 대머리와 비듬 치료에 좋다고 했다. 또한 고사리는 중세 시대에 침구로 사용되었으며 류머티즘, 혈액 및 방광 문제에 약용으로 쓰였다. 최근 연구에서 고사리가 발암 물질을 가지고 있다고 지적하지만, 이 고대 식물에 대해 연구할 것은 여전히 많다.

⬅ 큐 왕립 식물원에서 수집된 고사리 식물 표본 시트. 2008년.

참나무

Oak · *Quercus*

웅장한 참나무는 민담에서 신성시되는 중요한 식물 중 하나로, 그리스인, 로마인, 켈트인, 슬라브인 및 게르만 민족들에 의해 숭배되었다.

참나무는 강력한 신 제우스, 주피터, 다그다, 페룬 그리고 토르와 관련이 있으며 이 신들은 각각 천둥과 번개를 다스렸다.

참나무는 동서고금을 막론하고 많은 신화에 등장한다. 호메로스는 도도나(Dodona)에 있는, 바스락거리는 잎을 가진 참나무가 위치한 곳이 그리스에서 가장 오래된 신탁 장소였다고 말한다. 그리스 신화 속 이야기인 '제이슨과 아르고선 선원들의 항해'에서 참나무 가지는 그들을 보호하는 역할을 했다. 오비디우스(Ovid)의 작품에는 노부부 필레몬과 바우키스(Philemon and Baucis)는 자신들의 허름한 집에 찾아온 제우스와 헤르메스를 기꺼이 대접했다. 그들은 형편이 좋은 것은 아니었지만, 변장한 신들을 정성껏 대접했고 결국 그에 대한 상을 받게 되었다. 사이 좋은 부부였던 그들은 한날한시에 눈 감게 해달라고 부탁했다. 죽음의 순간에 이르렀을 때, 노부부는 피나무(Tilia)와 참나무로 변했다.

보다 최근의 이야기는 찰스 왕자가 적들을 피해 도망치다 이 나무에 숨어 있었다고 한다. 그 후 영국에서는 1660년, 찰스 2세가 왕위에 복원된 날인 5월 29일을 맞아 오크 애플 데이라는 기념일을 만들었다. 이 휴일은 최근에 부활했으며, 참나무 가지나 열매를 착용하지 않으면 동네 불량배들에게 얻어맞는 악습은 이제 사라졌다.

이 나무는 그 자리에 존재하는 것만으로도 가치가 있었다. 일부 지역에서는 열병에 시달리는 사람들이 참나무에 자신의 머리카락 한 가닥을 꽂아 놓아 열을 나무로 옮기곤 했다.

콘월(Cornwall) 지역에서는 참나무 껍질에 못을 박는 방법이 치통의 확실한 치료법으로 여겨졌다. 웨일스(Wales)에서는 하지에 참나무 껍질을 문지르는 것만으로도 다음 해의 건강이 보장되었다. 또 참나무가 상록수보다 먼저 싹이 트면, 비가 많이 오는 여름을 뜻했다. 높은 탑을 수리하는 사람들이나 최근에는 비행사들이 주머니에 도토리를 넣고 다니면 번개를 피할 수 있다고 믿었다.

참나무로 만든 지팡이는 이를 사용하는 마법사의 의식을 높여 주었다고 전해진다. 또한 약초재배자들도 이 나무가 약용 효과가 뛰어나다며 숭배했다. 전해지는 바에 따르면, 우유에 도토리를 갈아 마시면 설사를 치료할 수 있었고, 참나무 잎 여섯 장을 끓인 물만으로도 백선을 제거할 수 있다고 믿었다. 참나무의 안쪽 껍질을 가루로 만들고 도토리 껍질과 섞어 먹으면 피를 토하는 환자를 낫게 했으며, 와인에 섞은 도토리 분말은 이뇨 작용을 하고 독을 막았다. 참나무 잎을 끓여 나온 물을 마시면 월경을 조절하는 데 도움이 되었다.

참나무 목재는 전함 제작에 매우 중요한 자재였기에 튜더 시대 때 영국의 숲은 심각하게 훼손되었다. 몇몇 개체는 신화적 지위를 얻었는데, 전설적인 무법자 로빈후드와 관련된 셔우드 숲(Sherwood Forest)의 메이저 오크(Major Oak)가 이에 해당한다.

➡ 미국 식물에 관한 책의 참나무. 1865년.

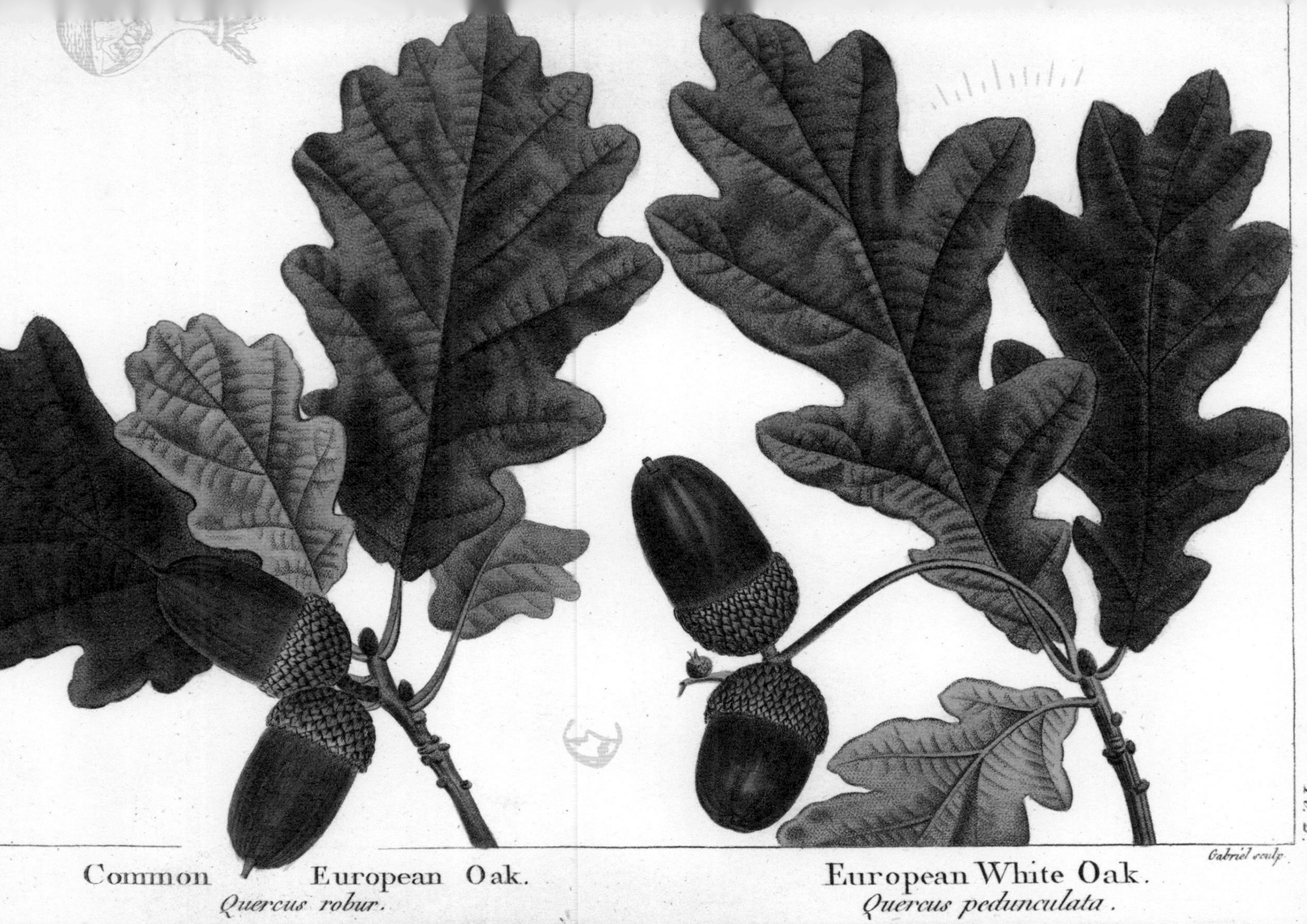

Common European Oak.
Quercus robur.

European White Oak.
Quercus pedunculata.

유럽호랑가시나무

Holly · *Ilex aquifolium*

500종이 넘는 호랑가시나무가 있지만 그중에서도 가장 유명한 건 크리스마스 카드에서 볼 수 있는 밝은 빨간 열매와 어둡고 윤이 나는 잎을 가진 유럽호랑가시나무이다.

어떤 사람들은 'Holly'를 '가시'라는 뜻을 가지고 있는 오래된 고어 'holen'와 'hulver'에서 변형된 단어, 찔레(Holm)로 알고 있다. 이 식물은 겨울과 자주 연관이 되며 많은 민담이 전해진다.

로마인은 농신제를 축하하기 위해 호랑가시나무를 모았고, 초기 기독교인들은 이 나무가 영생을 상징한다고 여겼다. 또 이 식물은 잔혹하기로 유명한 유대의 왕 헤롯(Herod)의 군사로부터 아기 예수를 숨긴 이후로 상록수 지위를 받았다. 원래는 흰색 베리류의 열매가 열렸는데 예수가 호랑가시나무로 된 면류관을 쓰고 난 후 열매가 피처럼 붉은색으로 바뀌었다고 한다. 북유럽과 켈트 신화에서 이 나무는 천둥의 신인 토르 및 타라니스와 관련 있다. 호랑가시나무가 문밖에 있으면 여전히 뇌우, 화재 그리고 사악한 눈으로부터 보호받는다고 믿으며, 이는 플리니우스가 언급한 수백 년도 더 된 전통이다.

호랑가시나무는 상냥한 요정들의 나무다. 스코틀랜드 사람들은 섣달 그믐날에 요정의 장난을 피하기 위해서 집을 이 나무로 장식한다. 나무의 밑동에는 영혼을 달래기 위해서 주로 은화를 둔다.

호랑가시나무의 모든 부분엔 독성이 있지만 전설에서는 꼭 필요한 나무로 여겨진다. 잎은 마법을 강하게 하기 위해 향처럼 태워지고, 호랑가시나무 지팡이는 마법사가 마법을 부릴 때 그를 보호해 주는 기능이 있다고 알려져 있다.

잉글래드 남부 햄프셔(Hampshire)에서는 이 나무로 만든 컵에 추출액을 넣어 마시면 기관지염이 치료된다고 믿었다. 잉글랜드 중부의 더비셔(Derbyshire)에선 호랑가시나무로 때려 동상에 걸린 환자의 나쁜 피를 뽑아냈다. 이 치료법은 항상 결과가 좋았고, 2차 치료가 필요한 사람은 아무도 없었다. 허나 이 식물은 독성이 있어 구토를 유발하기 때문에 종종 다소 위험한 정화제로 사용되었다. 컬페퍼는 골절과 탈구된 사지에 호랑가시나무 잎과 껍질을 습포제로 사용했다.

호랑가시나무를 크리스마스 이전에 집에 들이면 불행을 의미하지만, 크리스마스 이브에 나뭇가지를 가지고 집으로 돌아오지 못한 남자 하인의 불행만큼 나쁘지는 않았다. 하녀들은 그 남자 하인의 반바지를 훔쳐서 대문 기둥에 못 박을 권리가 있었다. 그는 심지어 크리스마스 키스조차 받지 못했다.

호랑가시나무를 자정 미사까지 쓰고 있으면 미래를 예지하는 저주에 걸릴 위험이 있었다. 또 이 나무를 가지고 있는 사람들은 내년에 마을 주민 중 누가 죽을지 알 수 있었다. 만약 성탄절 다음 날 밤까지 집에 있는 호랑가시나무 잎을 모두 제거하지 않는다면, 그들이 바로 죽음을 맞이할 운명이 될 수도 있었다.

⬅ 큐 왕립 식물원에서 수집된 유럽호랑가시나무 식물 표본 시트. 2009년.

5장

삶의 정거장

우리 모두가 거쳐 가는 위대한 삶의 단계는 인간으로서의 기본 조건이다. 군주든 가난한 사람이든 누구나 한 번 태어나서 늙고 죽음을 맞이한다. 모든 문명은 어떤 방식으로든 이 삶의 단계를 기록하고, 우리가 살아 있다는 사실을 일깨워 주는 정신적, 육체적 고통을 이겨 내려고 안간힘을 쓴다.

인간이 지구에서 살아온 대부분의 시간 동안 삶은 고되고 찰나 같았다. 삶을 마감하는 방식은 다양했지만 대부분 고통스러운 과정이었다. 따라서 신의 개입이나 자연으로부터 오는 어떤 도움이든 간에 죽음의 고통을 완화하는 방법이라면 무엇이든 환영받았다.

생명을 잉태하는 일은 처음부터 간단한 일이 아니었다. 많은 고대 문명 사람들은 '약징주의'라는 단어를 들어 본 적이 없었을지라도, 남성 또는 여성의 생식기와 유사하게 생긴 어떤 것이라도 생식능력을 높이기 위해 활용하였다. 아보카도라는 명칭은 아즈텍 이름 'ahuacacuauhitl'에서 유래하였는데 아보카도가 쌍으로 걸려 있는 모습 때문에 '고환 나무'라는 의미를 가지고 있다. 맨드레이크 뿌리는 현관이나 천장에 매달아 임신을 기원했다. 아스파라거스는 컬페퍼의 기록에 따르면, 포도주에 넣고 끓이면 여성 또는 남성의 성욕을 자극한다고 한다.

켈트족의 전통에서는 음경 모양의 도토리가 결혼 생활에 유용하다고 한다. 특히 최고의 남성성을 상징하는 참나무에서 채집했기 때문에 더욱 그러했다. 이 도토리들은 밤에 수확할 경우 가장 효과적이라고 여겨졌고 솔방울 또한 동일한 효과가 있었다. 남부 유럽에서는 다산을 위해 '결혼 나무'로 소나무를 심기도 했는데, 다자녀를 낳는 것이 영아 사망의 공포에 대비하기 위한 보험이었다. 씨가 많은 석류도 번식력과 연관성이 명백하다고 믿었으며, 아테네 신부들은 결혼 전날 빠른 임신을 위해 마르멜로(Cydonia oblonga)를 먹기도 했다. 현대에 들어 많은 문화권에서 상추는 불임을 일으키는 식물로 의심의 눈초리를 받기도 했다. 광대수염(Lamium album)은 '아담과 이브'로도 알려졌는데, 거꾸로 들고 있으면 꽃의 수술 부분이 두 사람이 하얀 캐노피가 있는 침대에 누워 있는 것처럼 보이기 때문에 연인에게 행운을 가져다 준다고 여겼다.

때로는 임신을 원하지 않는 상황도 있었기에 로마인들은 실피움(Silphium)이라는 약초에 매료되었다. 신비한 힘을 가졌다고 알려진 이 식물의 뿌리는 채소로 즐겨 먹었고, 꽃은 향수로 사용되었으며 실피움 즙인 '라세르'(laser)는 동물의 뇌 요리, 홍학 스튜 그리고 앵무새 요리에 맛을 높이는 양념으로 사용되었다. 하지만 실피움의 훨씬 강력한 능력은 따로 있었다. 발에 난 상처부터 개에 물린 자국까지 만병통치약으로 쓸 수 있는 연고이기도 했지만, 실피움 즙은 월경을 유발하여 임신 중인 태아를 유산하는 효과가 있었다. 따라서 당시에 아주 강력한 피임제로 사용되었다. 실피움은 재배가 불가능해 야생에서 수확해야 하는데, 현재 리비아로 알려진 키레네(Cyrene) 지역은 이 작은 약초로 많은 부를 얻기도 했다. 심지어 키레네의 동전에도 실피움 그림이 있을 정도이다. 물론 수확에 대한 규정이 엄격했지만, 그만큼 밀수도 만연했다.

실피움은 로마 시대에 사라졌는데, 인간이 자연에 피해를 주는 일은 흔한 일이다. 그럼에도 일부 식물학자들은 이 약초가 지금도 존재할 수 있다고 믿으며, 특히 키레네 주변 야생 식물들 사이 보이지 않는 곳에 숨어 있을 거라고 추정한다. 상상만으로도 흥분감을 안겨 주기에 충분하다. 실피움이 어딘가에서 자라고 있다면, 아직 발견되지 않은 치료 효능을 띤 신비로운 약초들은 또 어떤 것들이 있을지 기대가 된다.

➡ 프랑스 식물학자인 뒤아멜 뒤 몽소의 '프랑스에서 재배되는 과일과 나무에 관한 논문'에서 발췌한 마르멜로 열매 그림. 1801년-1819년.

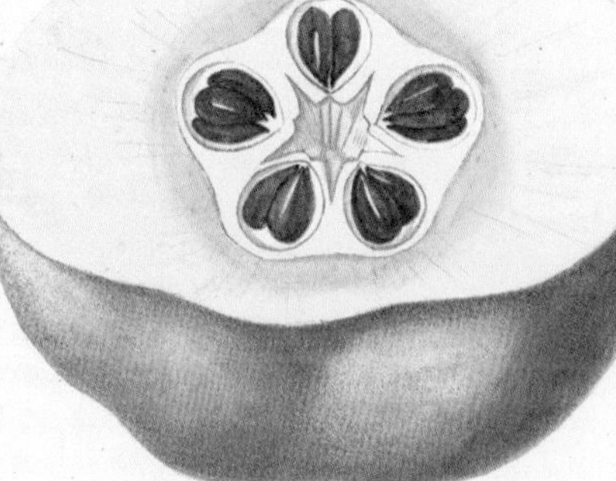

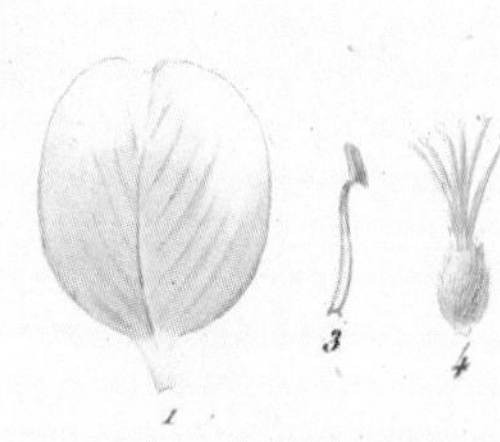

CYDONIA communis. **COIGNASSIER** commun.

pinx. Mlle Janinet Sculp.

HERBARIUM 1867 HOOKERIANUM
Th. Kotschy. Pl. Pers. austr. Ed. R. F. Hohenacker. 1845.
604. Lamium Robertsonii
Boiss. n. sp.
(Ex voto Th. Kotschyi dicatum Chil'archo H. Dundas Robertsonio, procuratori rerum Britannicarum in u. Buschir.)
Corolla alba.
In glareosis alpis Kuh-Daëna. D. 10. Jul. 1842.
Lamium album L.
subsp. crinitum (Montbr. et Auch.)
Mennema
det. J. MENNEMA
(Rijksherbarium, Leiden)

피임이 실패로 돌아가거나, 여성이 아직 아이를 원하지 않는 경우에 상황은 더욱 위험해진다. 히포크라테스의 글에는 희한한 이름을 가진 스쿼팅 오이(Ecballium elaterium)가 효과적인 유산 유도제로 제안되었다. 대체 식물인 페니로열(Mentha pulegium)의 경우, 어머니와 태아 모두 사망에 이를 수 있게 하는 위험이 따랐다. 페니로열은 이론적으로는 유산을 유발한다고 전해졌지만, 안타깝게도 매우 독성이 강해 극단적인 상황에 놓인 많은 여성들에게 비극적인 결과를 안겼다.

임신은 여성이 처할 수 있는 위험한 여정의 시작에 불과했다. 여성들은 먼저 자신이 임신했는지 확인해야만 했다. 하지만 몇 개월이 지나기 전까지는 임신을 했는지 알아채기가 어려웠기에, 몇 가지 방법을 사용했다. 고대 이집트의 임신 검사 방법 중 하나는 여성이 보리와 밀 위에 소변을 보는 것이었는데, 씨앗이 발아한다면 아이가 생긴 것이었다. 보리 싹이 자라나면 남자아이, 밀 싹이 자라나면 여자아이를 뜻했다.

임신 기간 동안에 여성들은 분만의 고통을 완화하기 위해 라즈베리 잎차(Rubus idaeus)를 마셨지만 그다지 추천할 만한 방법은 아니다. 현대의 엄마들은 여러 문화에서 전통적인 관습으로 흔히 출산 전후 배 주위 튼살의 흔적이 남는 것을 방지하기 위해 올리브오일 마사지를 한다.

출산 준비는 중대한 일이었다. 고대 이집트에서는 가능한 건강에 좋은 덩굴로 장식된 파피루스 기둥을 세워 분만실을 만들었다. 호주 연안 지역에서는 에뮤 덤불(Emu bush)을 태워 그 연기로 살균된 환경을 조성하였다.

아즈텍의 산파는 임신부의 고통을 덜어주기 위해 향기로운 약초를 넣은 한증탕을 준비하고 수축을 유발한다는 'Cioapatli'라는 약초를 넣은 차를 준비했다. 16세기의 스페인 수도승 베르나르디노 데 사아군(Bernardino de Sahagún)은 아즈텍 여성들의 출산이 덜 고통스럽고 빠르게 진행되었으며 회복도 빠르다는 사실에 흥미를 가졌다.

헤이안 시대(794-1185)를 살았던 일본 여성들은 합병증 이외에도 두려운 대상이 많았는데, 배고픈 유령들이 영혼을 삼키려 분만실을 떠다닌다고 믿었다. 11세기 소설 '겐지 이야기'에서는 주인공의 아내인 아오이가 출산 기간 동안 악령을 내쫓기 위해 양귀비 씨앗을 태운다고 언급된다. 이 씨앗들이 정말 아편에서 추출된 것인지는 알 수 없지만, 만약 그렇다면 분만을 앞둔 여성들의 숙면에 도움을 주었을 것이다.

출산 후에는 엄마와 아이 모두 정성껏 보살핌을 받는다. 그리스인들은 쓴쑥(Artemisia absinthium)을 사용하여 태반을 배출시켰다. 쑥은 여신 아르테미스에게 신성한 약초였으며, 몰약나무와 체이스트 트리 베리(Vitex agnus-castus)도 비슷한 역할을 하였다. 전설에 따르면, 체이스트 트리 베리는 수유와 월경을 촉진하는 데 도움이 된다고 전해졌다. 또 다른 고대 치료법인 익모초(Leonurus cardiaca)는 컬페퍼의 시대에도 여전히 사용되었다. 그는 약초가 엄마를 행복하게 만들며 자궁을 안정시킨다고 적었다.

중국에서는 신생아가 태어나면 3일 뒤에 아카시아 나뭇가지와 쑥으로 씻은 물로 특별한 목욕을 거행했다. 한편, 호주 사람들은 밝은 주황색의 단단한 간버섯류(Pycnoporus species)를 아기들의 치아 발육기로 활용했다.

19세기, 스위스에서 아이의 출생은 특별한 순간으로 축하를 받았다. 출생을 기념하기 위해 아이가 남자아이라면 사과나무를 심었고 여자아이라면 배나무를 심었다. 히브리 전통에서는 남아를 위해 삼나무를 심었고 여아를 위해서는 소나무를 심었다고 알려진다.

⬅ 이란에서 수집된 광대수염의 식물 표본 시트. 1842년.

아이들은 학교에 다니면서 종종 약초를 받곤 했다. 17세기 일기 작가 존 에벌린(John Evelyn)은 에키움(Echium vulgare)이 "정신에 좋다."라고 했고, 로즈메리와 베토니(Betonica officinalis)는 "기억력 향상에 좋다."라고 했다. 젊은 그리스 운동선수들은 근육을 강화시키기 위해 민트로 목욕했고 운동 후에는 한련화(Tropaeolum) 씨앗 오일로 마사지했다.

성인식은 인생에서 가장 어려운 시기인 사춘기를 겪는 청소년을 돕는 방법이다. 여드름은 수천 년 동안 염증 진정 효과가 있는 버지니아풍년화(Hamamelis)로 치료해 왔다.

이란에서는 여드름 치료에 유럽매자나무(Berberis) 주스를 사용했고, 호주 분잘렁(Bundjalung) 부족은 수백 년 동안 티트리(Melaleuca alternifolia) 오일을 여드름에 사용해 왔는데, 1920년대에 티트리 오일이 기적의 항균 효과를 가지고 있는 것을 발견하기 훨씬 전이다.

월경의 시작은 인생에서 중요한 부분이다. 종종 월경은 통증을 수반하며, 약초 전문가들은 월경통에 대해 끝없이 고민하고 기록했다. 고대 그리스의 체액 이론에 따르면 월경 전 통증은 우울증을 겪고 있거나 또는 비장에 흑색 담즙이 과다한 사람들이 겪는다는 이야기가 있다. 다양한 치료법 중 일부는 안젤리카 뿌리(Angelica archangelica), 체이스트 트리 베리, 서양톱풀, 엉겅퀴(Cnicus benedictus), 화란국화, 익모초, 회향을 사용하는 방법이 있다. 복통과 경련은 다른 것들 중에서도 체이스트 트리 베리, 서양톱풀, 작약 뿌리가 효과가 있었다.

미국 사우스다코타(South Dakota)에 위치한 인디언 부족 보호 구역에서는 처음으로 생리를 시작한 소녀들은 4일간 '용감한 마음'을 위한 '달 캠프'에 초대된다. '용감한 마음'은 전장에서 사망자와 부상자의 회복을 도운 여성들의 용기를 상기시키는 이름이다. 소녀들은 1년 동안 떠오르는 13개의 달을 나타내는 13개 장대로 천막을 세운다. 그리고 약초와 야생 꽃을 어떻게 수집해서 사용하는지를 익히고, 다른 전통들도 배우게 된다.

나이 든 여성들은 세이지를 넣은 물에 목욕을 하고, 성, 인간관계, 정신 건강에 대해 이야기했다. 사랑에 빠지는 것은 젊은이의 특권으로, 사랑 약초와 마법의 물약 이야기는 126쪽에 나와 있다. 그러나 사랑은 때로 성병처럼 불쾌한 결과로 이어지는 경우도 있었는데, 이로 인해 성병 치료법도 존재해 왔다. 컬페퍼는 성병 치료에 큰꽃마리(Cynoglossum officinale), 양미역취(Solidago), 사르사(Aralia nudicaulis) 그리고 비누풀(Saponaria officinalis)을 권했다. 안타까운 일이지만, 마오리족의 전통 의학인 롱고

⬆ 존 제라드의 '약초서' 중 회향 목판화. 1597년. 컬페퍼는 모유량을 늘리기 위해 회향을 먹으라고 권했다.

➡ 트리스탄과 이졸데(Tristan and Isolde)가 사랑의 물약을 마시면서, 그들의 운명적인 로맨스는 시대를 초월하여 예술과 문학에 영감을 주었다. 야생딸기와 제비꽃은 사랑을 상징하며, 이 삽화를 빛내 준다.

moult grant Joye. C mess trista et yseult la blonde

burent ensemble le bruuage amoureux.

26804
HERB. J. GAY.
Presented by Dr. Hooker, February 1868.
KEW HERBARIUM
0004167
Pinus brutia Ten.! Endl.
Synops. Conif. (1847) p. 181.
EMPTY
Pinus brutia Ten., Fl. Napol.
1: Lix (1811-1815)
Det. A. Farjon (RBG Kew) March 2006
possibly original material
Det. A. Farjon (RBG Kew) March 2006

(Rongo)는 유럽 선원이 도착하기 전에는 필요하지 않았다. 마오리족은 유럽 선원들이 전파시킨 성병을 치료하기 위해 카와카와(Piper excelsum) 잎으로 만든 한증 요법을 사용했다.

두 젊은이의 결혼은 항상 축하받아 마땅한 일이었으며, 신부의 꽃과 약초의 조합은 전 세계적으로 볼 수 있는 일이다. 고대 그리스 신부들은 화환에 마늘을 꽂아 악령을 쫓았고, 손님들은 결혼식 중에 신랑과 신부의 행복을 기원하며 산사나무(Crataegus) 가지를 주었다. 결혼식이 끝난 뒤에는 산사나무로 만든 횃불로 신방으로 가는 불을 밝혔다.

오렌지 꽃은 순결의 상징으로 신부의 머리 장식으로 오랫동안 사용되었다. 한편 프랑스에서는 이 꽃은 순결한 처녀만 쓸 수 있었다. 향긋한 마편초는 19세기 영국에서 달콤한 향기를 내기 위해 꽃다발에 종종 포함되었는데, 그다지 화려하지 않은 외모로 꽃다발의 뒤편에 감추어졌다. 앞쪽에는 빅토리아 여왕이 앨버트 왕자와의 결혼식 때 든 도금양(Myrtus)이 있었으며, 이후로는 행운과 행복을 상징하는 도금양을 결혼식 때 신부가 드는 것이 왕실 결혼식의 전통이 되었다.

많은 유럽인들은 신혼부부의 행운을 기원하며 말린 쌀을 던진다. 하지만 힌두교를 믿는 신부는 부모님 집을 떠날 때 한 줌의 곡물을 던지며 자신을 키워 준 것에 대한 감사의 뜻을 전한다. 쌀은 번영을 상징하기 때문에, 신부가 신랑에게도 쌀을 한 그릇 바친다. 신부가 쌀을 만져서는 안 되고, 신랑 친척의 도움을 받는데 이는 두 가족의 결합을 상징한다.

이란에서는 결혼식 테이블 위를 악마의 눈을 막는 상징적인 음식으로 풍성하게 차리며, 7가지의 허브와 향신료인 카시카시(양귀비 씨앗), 베렌즈(쌀), 사브지 코시크(안젤리카), 나막(소금), 라지야네(니겔라 씨앗), 차이(홍차, 차나무), 콘도르(유향, 보스웰리아 사크라) 도 포함된다.

⬅ 이탈리아에서 수집된 칼라브리안 소나무(Pinus brutia)의 식물 표본 시트. 상록수는 장수, 평화 및 보호를 상징한다. 1825년.

노화를 두려워하지 않는 사람은 거의 없으며, 노화 방지 약초는 오늘날에도 귀하게 여겨진다. 고대 그리스인들은 세이지가 죽음을 막아 준다고 믿었지만, 사람들은 보다 더 구체적인 해결책을 원했다. 호주의 추운 지방이 원산지인 캥거루사과(Solanum laciniatum)는 피부 노화와 고르지 못한 색소 침착을 방지하는 데 사용되었다. 호주 북부에서는 히베르티아 스칸덴스(Hibbertia scandens)의 잎과 줄기를 찧어 관절염 치료제로 사용했으며, 하와이에서는 전통 치료사들이 아와푸히(Awapuhi)라고 불리우는 샴푸생강(Zingiber zerumbet)을 허리 통증 치료제로 사용했다.

니콜라스 컬페퍼는 노화의 특정 증상에 대처하기 위한 유용한 약초를 정리했다. 특별히, 귀가 잘 안 들리는 증상에는 아욱(Malva), 방가지똥(Sonchus oleraceus)을, 통풍에는 아룸 마쿨라툼과 쑥부지깽이(Erysimum)를, 허리 디스크에는 쑥을 추천했다. 주름은 강낭콩(Phaseolus vulgaris)과 황화구륜초(Primula veris)를 권했다.

가장 오래된 미신 중 하나는 흰 꽃이 사망을 뜻한다는 것이다. 따라서 집에 절대 가져와서는 안 되며, 이보다 더 안 좋은 의미를 가지고 있는 꽃들도 있다. 칼라 백합(Zantedeschia)은 오늘날 장례식에서는 아름답고 우아한 꽃으로 사용되지만, 실내에서는 여전히 불운을 뜻한다. 설강화(Galanthus)도 재앙의 전조로 여겨지지만, 화병에 다발로 담아 창밖에 놓으면 불행을 내쫓는 것을 의미한다.

북미와 유럽의 많은 과수원에서는 가족이 사망하면 그 소식을 나무들에게 공식적으로 알렸으며, 근처 벌집에 있는 벌에게도 전했다. 그만큼 인간과 식물 그리고 주변 생물과의 교감을 중요시한 것이다. 몇몇 나라에서는 실내용 화초에 죽음을 애도하는 장식을 하기도 했다. 독일의 특정 지역에서는 집 안의 모든 화분을 밖으로 꺼내 죽음을 기리기도 한다.

고대 그리스와 로마에서는 죽은 사람의 손에 로즈메리와 마조람(Origanum majorana)을 놓았으며, 지옥에서 자라는 식물로 여겨진 민트도 장례 풍습에 사용되었다. 히브리와 초기 기독교 전통에서는 장례에 꽃을 금기했는데 이교의 풍습을 떠올리게 하기 때문이었다. 하지만 결국 기독교는 이 규칙을 완화하였고, 점차 꽃 사용 자체를 좋아하게 되었다. 19세기에는 '꽃의 언어'가 묘지까지 확장되어 묘비명에도 사용되었다. 꽃봉오리는 어린이의 묘비를 표시하는 데 사용되었으며, 꽃의 일부만 피어 있다면 청년 시절에 사망했다는 뜻이었다. 당시 무덤에 놓였을 때 가장 가치 있는 식물은 추수한 밀 다발로 목표를 이룬 풍요로운 삶을 뜻했다. 묘지에 심은 나무도 상징성이 있었다. 고대 서양주목(Taxus baccata)은 그들이 지키고 서 있던 성당보다도 더 나이가 많았는데, 신성한 땅을 지키는 역할을 한다고 전해졌다. 버드나무(Salix)는 슬픔을 표현했다. 반면에 산사나무는 희망을 상징하고, 블랙베리 덤불은 악마로부터 묘지를 지켰다. 남부 유럽에서는 사이프러스(Cupressus)를 길 입구에 파수꾼처럼 심기도 했다.

멕시코에서 마리골드(Tagetes erecta)는 '죽음의 꽃'으로 아즈텍 여신 믹테카시우아틀(Mictecacihuatl)에게 바쳐지며, 죽은 자들의 뼈를 지키는 역할을 한다. 11월 2일인 죽은 자의 날에는 밝은색 제단 위에 이 꽃이 흩뿌려지며, 살아 있는 자와 죽은 자가 함께 축하하는 모습을 나타내었다. 이 날은 생에서 가장 행복한 날 중 하나로 생명의 순환이 마무리되는 날로 여겨졌다.

상처의 출혈을 멈추도록 하려면
쐐기풀을 찧어서 식초로 적신 다음
상처에 올려놓으세요.
그러면 출혈이 멈출 것입니다.

⬆ 브라질에서 수집된 멕시코 마리골드의 식물 표본 시트. 1950년.
➡ 서기 79년. 폼페이의 해골 모자이크. 가능한 인생을 즐기라는 의미를 내포함. 해골의 손에는 와인 잔이 들려 있다.

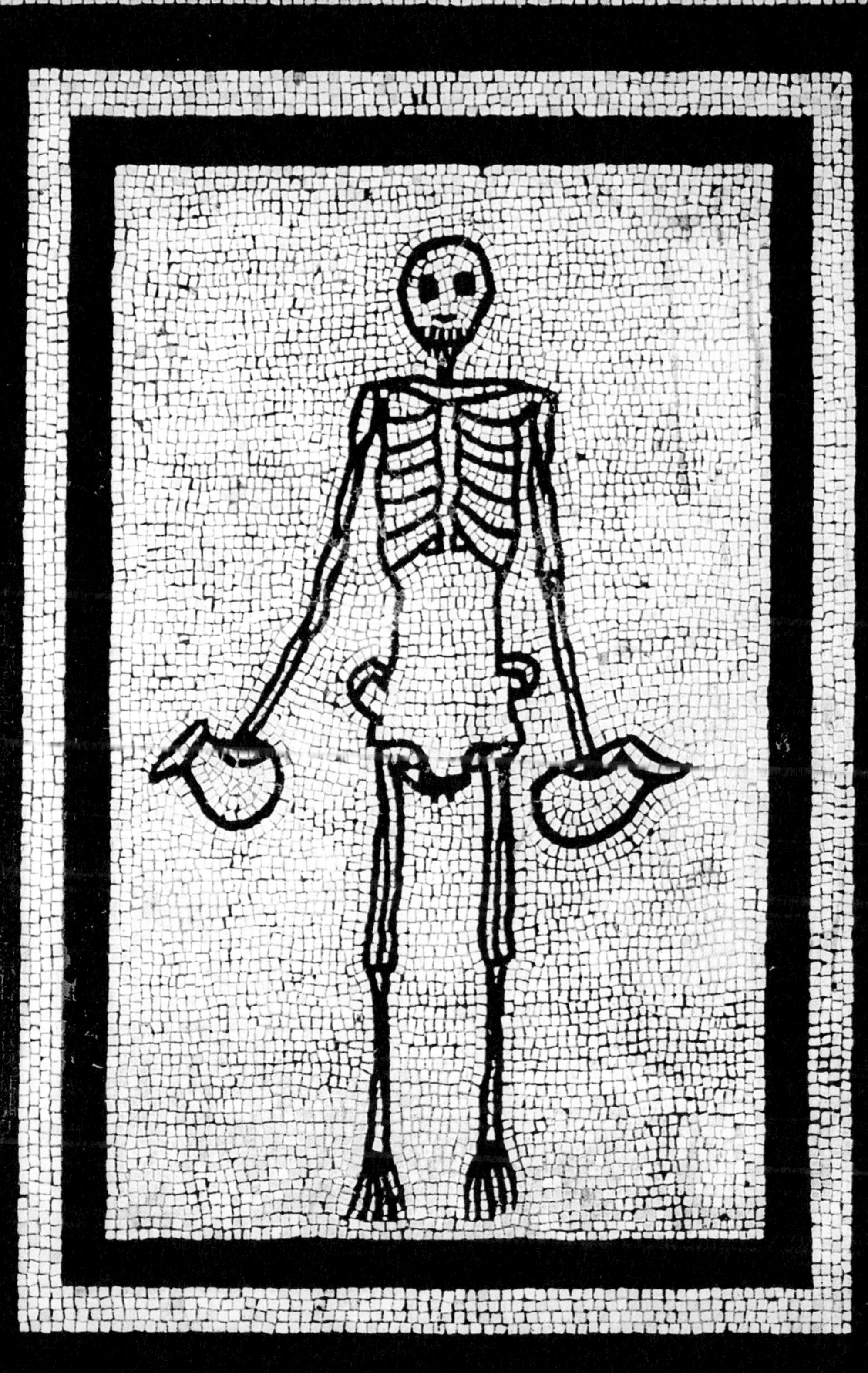

서양쐐기풀

Stinging nettle · *Urtica dioica*

니콜라스 컬페퍼가 말하길, 건조한 쐐기풀은 가시가 있기 때문에 아주 깜깜한 밤에도 손으로 만져서 찾을 수 있다고 한다.

그는 이어서 겨울 추위와 습기에 대항하기 위해 쐐기풀이 과잉으로 점액질을 만들어 내는 원리를 설명했다.

울타리와 숲에서 흔히 볼 수 있는 식물인 쐐기풀은 예전에 훨씬 더 중요하게 여겨졌다. 덴마크에서 고고학자들은 2800년 된 청동 항아리 안에서 최고급 쐐기풀 섬유로 짠 수의를 입은 족장의 유골을 발견했다. 고대 이집트인은 이 식물로 관절염을 치료했고, 히포크라테스는 쐐기풀을 사용한 61가지의 치료법을 남겼다. 실제로, 현대 실험에서 쐐기풀을 사용한 관절염 환자들이 약간 차도를 보인 적도 있다.

정원사라면 '쐐기풀 꽃이 피지 않았을 때는 가시에 찔리지 않는다'라는 옛날이야기가 허구라는 사실을 알고 있을 테다. 사실 가시에 찔리지 않고 이 식물을 뽑을 안전한 방법은 없다. 하지만 쐐기풀 근처에는 가시에 찔렸을 때 치료 효과가 있는 돌소리쟁이(Rumex obtusifolius)가 항상 있을 것이다.

아일랜드에서는 3월에 쐐기풀을 채집해 적어도 세 번을 먹는다면 1년 내내 건강하다는 이야기가 있다. 스코틀랜드에서는 자정 즈음 모두가 조용할 때 쐐기풀을 따야 가장 효과가 좋다고 알려져 있다.

쐐기풀은 시금치처럼 먹었고, 치즈를 응고시키고 풍미를 더할 때도 사용되었다. 또 식품 저장고의 통이 새는 걸 막고 벌레를 쫓는 데에도 사용되었다. 제1차 세계 대전에서 독일군은 이 식물로 짠 군복을 입었으며, 제2차 세계 대전에는 여러 국가의 군인들이 쐐기풀 염료로 위장했다.

또한 가래를 제거하고, 입안을 헹구며, 소변을 유도하고 장내 가스를 줄이는 데 사용되었다. 쐐기풀 씨앗 음료는 개에 물린 상처나 독당근, 벨라도나, 맨드레이크와 같은 독초 중독의 해독에도 좋다고 알려졌지만, 실제 효과는 없었다. 탈모 치료에도 이렇다 할 효과는 없었지만 낙관적인 중세 사람들은 쐐기풀 액에 빗을 담그고 효과를 기대했다.

쐐기풀은 어리고 부드러울 때가 가장 맛이 좋다. 이는 악마가 5월 1일에 자신의 옷을 만들기 위해 이것을 따며, 그 이후에는 좋은 게 남아 있지 않기 때문이라고 한다. 영국 서부 지방에서는 5월 2일을 '쐐기풀의 날'로 지정하여 학생들이 '악동의 장난감'이라 불리는 쐐기풀을 서로에게 던지며 쫓아다녔다. 말 그대로 엉망진창 장난을 즐기는 날이다. 다른 시기에는 아이들이 쐐기풀의 속이 빈 마른 줄기에 바람을 불어 휘파람을 불기도 했다.

➡ 존 커티스(John Curtis)가 '영국 곤충학'에 그린 광대수염. 1823-40년.

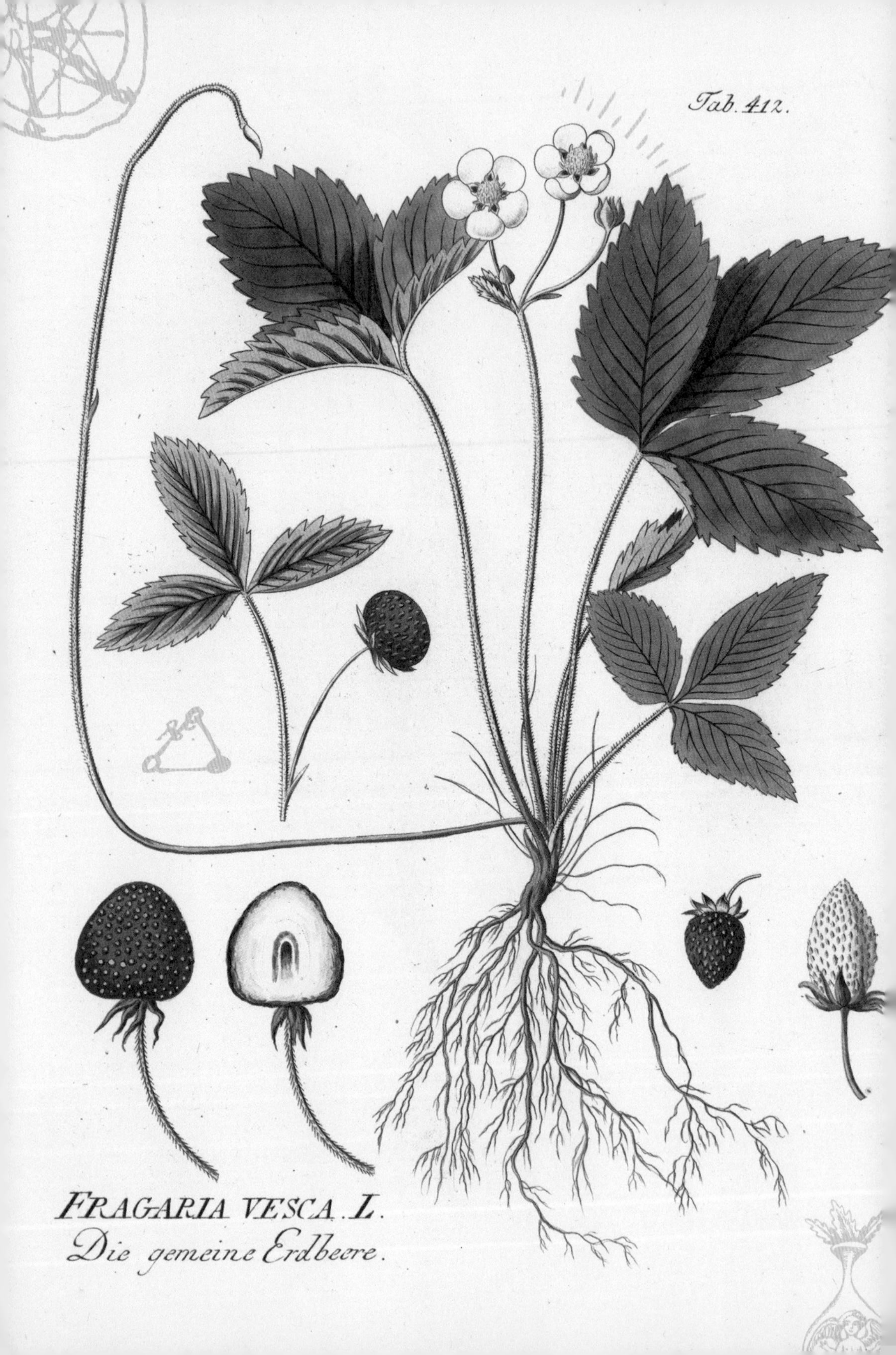
Tab. 412.
FRAGARIA VESCA. L.
Die gemeine Erdbeere.

야생딸기

Wild strawberry · *Fragaria vesca*

진한 향기를 내며, 맛이 풍부하고 손톱만 한 크기의 야생딸기는 대형 마트 선반에 진열된 화려하고 큰 딸기와는 완전히 다른 존재다.

하지만 야생딸기는 사랑의 상징으로 그 어떤 것과도 비교할 수 없는 특별함을 지닌다. 무성한 덤불 사이에서 수줍게 얼굴을 보여 주는 야생딸기는, 찾아내는 행위 자체만으로도 연인들에겐 매력적인 도전 과제가 될 수 있다.

로마 시인 버질(Virgil)은 딸기를 '대지의 아이들'이라고 불렀지만, 딸기를 따러 가는 동안 아이들은 반드시 뱀을 주의해야 한다고 일렀다. 오비디우스, 플리니우스, 로마의 카토 모두 딸기에 대해 말한 바 있지만, 이 열매가 가진 엄청난 잠재력은 중세 시대가 되어서야 발휘되었다. 기독교는 딸기를 성모의 과일로 지정했으며, 삼각형 모양의 세 잎은 성 삼위일체를 나타내고, 순백색 다섯 꽃잎은 예수의 다섯 상처 그리고 열매의 붉은색은 예수의 피를 상징한다고 설명했다. 당시에는 딸기 모양을 관능적인 하트로 묘사하였고 사람들은 딸기를 보는 것만으로도 심장이 두근거렸다.

딸기는 신혼부부에게 크림색과 하늘색 별 모양의 보리지 꽃(Borago officinalis)과 함께 전해졌다. 로버트 더들리 경(Sir Robert Dudley)은 여왕 엘리자베스 1세의 환심을 사기 위해 케닐워스 성(Kenilworth Castle) 정원에 야생딸기를 잔뜩 심었다. 월터 롤리 경(Sir Walter Raleigh)은 딸기를 넣은 약술을 좋아했는데, 이는 1파인트의 설탕을 첨가한 술에 1갤런의 딸기를 섞은 음료였다.

딸기는 유럽 이외의 지역에서도 사랑의 음식으로 여겨졌다. 체로키 부족 전설에 따르면, 최초의 남자와 여자가 말다툼을 하자 창조주가 이들을 화해시키기 위해 딸기를 보냈다고 한다. 예상대로 그 둘은 화해했고, 인류는 살아남을 수 있었다. 컬페퍼는 딸기가 비너스의 과일이라 했지만, 성적 흥분을 유발하는 식물로 다루지는 않았다. 그 대신 딸기 주스나 물로 염증이 생긴 눈을 씻으라고 제안했으며, 딸기 뿌리와 잎을 와인에 끓여 간, 비장, 혈액을 식히는 데 사용하도록 권고했다. 이처럼 당시 약초서에는 사용 가능한 신체 부위에 따른 약초 사용법이 있었고, 민담을 통해 내용이 추가되었다. 딸기에 함유된 산성 성분은 치아를 희게 하며, 주근깨를 없애는 효과가 있다고 여겨졌다. 잎은 수축 작용을 하여 구강 궤양에 좋은 가글이 될 수 있고, 상처에 덧대는 붕대로도 사용할 수 있었다.

윌리엄 콜스(William Coles)의 '단순한 재료의 예술'(1656)에는 딸기 옆에 보리지를 키우면 더 큰 열매를 얻을 수 있다고 나와 있다. 그러나 그때는 이미 북미에서 온 종들과 교배가 진행되고 있었다. 사랑의 열매는 곧 더 크고, 빨갛고 화려해져 갔다.

⬅ 요셉 야곱 폰 플렌크(Joseph Jacob von Plenck)의 '의약용 식물 도감'에 나온 야생딸기. 1792년.

유럽감초

Liquorice · *Glycyrrhiza glabra*

감초는 그리스어로 '달콤한 뿌리'를 의미하며 실제로, 감초의 뿌리줄기는 설탕보다 50배나 더 단 성분인 글리시리진(glycyrrhizin)을 포함하고 있다.

어린 아이들은 뿌리 단맛이 완전히 사라질 때까지 씹었으며, 알렉산더 대왕과 율리우스 카이사르의 군대에서도 감초를 씹었다. 또 나폴레옹은 지나치게 자주 씹어서 치아가 검게 변하기까지 했다. 놀라운 점은 감초의 뿌리가 칫솔로도 사용되었다는 사실이다.

이 깃털처럼 가벼운 식물은 푸른색의 잎을 가졌고 어린 물푸레나무(ash)와 비슷하게 생겼다. 보라색 꽃봉오리를 가지고 있으며 콩과에 속한다. 한번 자랄 때 1.5에서 2미터 높이까지 자랄 수 있으며 폭이 1미터에 이른다. 뿌리를 깊게 박아 흙에 굳게 고정하여 번식한 뒤 아니스 향이 나는 귀한 감초로 자란다. 동남 유럽과 서남아시아의 강변에서 야생으로 자라며, 스칸디나비아부터 스페인까지 다양한 기후에서 번성한다.

감초는 약 4000년 전에 바빌로니아의 '함무라비 법전'에 처음 언급되었으며, 고대 중국 및 힌두 의학에서도 사용되었다. 투탕카멘의 무덤에서도 대량의 감초가 발견되었다. 그리스 식물학자 테오파라투스는 감초가 천식, 기침 및 가슴 통증에 효과가 있다고 말한 바 있으며, 그리스 식물학자인 디오스코리데스는 또한 목이 건조할 때 이것을 추천했다.

감초는 십자군 원정에서 돌아온 군사들에 의해 영국에 전해졌다는 이야기가 있다. 찾는 사람이 많아지자, 1305년 에드워드 1세가 런던 다리 수리를 명목으로 감초 수입에 세금을 부과하였다. 그러자 세금을 줄이기 위해 영국에서 감초 재배가 시작되었다. 감초는 클뤼니(Cluniac) 수도원의 수도승들을 통해 요크셔(Yorkshire)에 전해졌으며 1760년에 조지 던힐(George Dunhill)이 수도원의 레시피에 설탕을 더해서 '폼프렛'(pomfrets) 또는 '파스틸'(pastilles)과 같은 과자를 만들었는데 이는 나중에 영국의 특산물인 '폰테프랙트 케이크'(Pontefract cakes)가 되었다. 20세기 중반까지는 요크셔의 감초 농장이 수십 마일에 걸쳐 이어졌다가 지금은 거의 사라졌지만, 일부 몇몇 곳은 다시 재배를 하고 있다.

니콜라스 컬페퍼는 이 식물이 어떤 의도로 어디에 들어가도 적절하다며 감초에 대한 사랑을 아끼지 않았다. 그는 감초가 감기, 호흡 곤란, 흉부 및 폐 통증을 완화하고 열을 내리며 어린아이의 변비를 완화시키는 데 좋다고 했다. 아이뿐만이 아니라 모든 사람이 적당한 용량을 복용하면 장을 진정시키는 효과를 볼 수 있다고 한다. 단, 고혈압이 있는 사람은 적당히 섭취해야 한다. 현대 과학자들도 감초를 진지하게 다루며 이 식물이 가진 잠재적 의학 효과에 관심을 가지고 있다. 이만하면 감초 사랑이 남달랐던 나폴레옹이 선구안이 있었던 것 같다.

➡ 쾰러의 '약용식물도감'에 수록된 유럽감초. 1897년.

Glycyrrhiza glabra L.

L.
Lilium album flore erecto, et vulgare.
Weiße Lilien.

백합

Lily · *Lilium*

백합은 매력적인 하얀색부터 보라색의 마르타곤나리(Lilium martagon), 히말라야 대백합(Cardiocrinum giganteum)처럼 동양의 이국적인 백합까지 다양한 종류가 있다.

전통적인 초원의 백합 또는 성모 백합(Lilium candidum)은 흥미로운 식물이다. 순결, 순수, 결백함 그리고 동시에 죽음의 상징으로 결혼식과 장례식 모두에서 찾아볼 수 있다.

성모 백합은 기독교 교회에서는 성모 마리아와 관련이 있다. 르네상스 시대에 예수 그리스도의 탄생을 나타내는 작품에서 천사 가브리엘이 종종 백합 가지를 들고 나타나는 모습으로 그려졌기 때문이다. 이 꽃은 주인의 통제 아래에서만 자라는 것으로 알려져 있다. 이런 이유로 만약 부모가 자녀의 순결을 의심할 일이 있다면, 백합 가루를 먹여 보도록 했다. 만약 딸들이 순결하다면 즉시 소변을 보았다. 이 꽃은 성원에서 유령을 쫓아낸다거나, 백합 꿈을 꾸면 행운이 온다고 믿기도 하였지만 한편으로 누군가가 집에서 백합을 밟으면, 그의 가족은 순결을 잃는 것을 의미했다.

성모 백합 꽃잎을 브랜디에 우려서 끓이면 종기를 치료하는 데 도움이 되고, 뿌리를 볶아서 장미 오일과 섞으면 주름을 없애고 피부 미백 효과가 있다고 한다. 컬페퍼는 현실적인 치료 방법으로 돼지 기름과 볶은 뿌리를 섞어 연고를 만들어 염증이 생긴 피부 부위에 발라 농익게 한 뒤 터뜨렸다. 또한 절단된 힘줄을 다시 연결해 주고, 화상을 완화하며 '생식기' 주변의 붓기를 가라앉힐 수 있다고 말했다. 허나 어린 소녀들은 백합 향을 맡으면 주근깨가 생긴다고 주의를 들었다. 이는 고양이를 키우는 이들의 걱정에 비하면 별 것 아닌 걱정이었다. 고양이가 아주 소량이라도 백합의 꽃가루, 잎, 꽃잎과 접촉하거나 백합이 피어 있는 물을 섭취하면 독성 반응을 일으킬 수 있기 때문이다.

⬅ 독일의 동물학자이자 예술가 게오르그 볼프강 크노르(Georg Wolfgang Knorr)의 백합. 1772년경.

고대 이집트인들은 이 꽃을 매우 소중히 여겨 죽은 자와 함께 묻었다. 그리스 신화에서는 헤라클레스가 아기였을 때 헤라의 가슴을 너무 세게 빨아들이다가 그만 모유를 흘렸다고 한다. 그 대부분은 은하수가 되었고, 일부가 땅에 떨어져서 백합이 되었다고 전해진다. 로마 신화에서는 여신 비너스가 백합을 시기 질투하여 중앙부가 더 길게 자라게 해 매력을 떨어뜨리게 만들었다는 다소 기이한 이야기가 전해진다. 이는 우아함으로 알려진 칼라 백합(Zantedeschia)을 가리키는 것이다.

이교도의 민담에는, 칼라 백합이 성적인 조화를 의미하고 있다. 두 가지 이유가 있는데 하나는 남근 모양의 꽃차례 때문이며, 나머지 하나는 꽃을 감싸고 있는 불염포가 여성의 생식기와 닮았다고 여겨지기 때문이다. 하지만 칼라 백합은 천남성과(Araceae family)에 속하여 진짜 백합은 아니었다. 되려 아룸 마쿨라툼(110쪽 참고)에 가깝다고 볼 수 있다. 일반적으로 이 꽃은 죽음과 연결되는데 특히 칼라 백합은 장례와 연관되어 있다. 하지만 흥미롭게도 화려한 외양 덕에 부활절 교회 장식으로 사용되기도 한다. 하지만 오늘날까지도 부정적인 이미지 때문에 사람들은 집 안에 칼라 백합 들이기를 꺼린다.

6장

신체를 위한 치료법

인류가 진화한 이래로 약초는 전투 상처를 감싼 부드러운 잎사귀부터 주문, 의식, 기도와 함께 음식에 수반되는 복잡한 처방에 이르기까지 다양하게 사용되어 왔다.

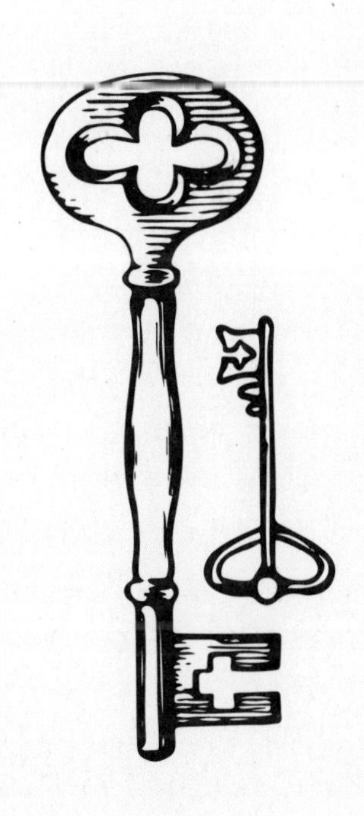

어떤 문명이든, 역사의 어느 시기든지 심지어 선사시대 이전에도 동일한 질병이 반복해서 발생했다. 사마귀, 화상, 골통, 백선, 종기, 인후염, 치통, 무지외반증, 구취, 고창 또는 복통과 같은 질환이 이에 해당된다.

이 질환들은 인류의 오랜 질병이며, 항생제가 발견된 이후에야 그중 일부를 치료할 수 있게 되었다. 켈트인(로마인, 그리스인, 또는 미국 원주민)이 알고 있던 약초 치료 방법은 20세기 초까지 흔히 사용되었으며, 지금까지 사용되는 방법도 있다. 중국 전통 의학과 인도 전통 의학인 아유르베다는 널리 사용되고 있으며, 둘 다 개개인에 맞추어 치료법을 다르게 하는 것이 주요 원칙이다. 이러한 접근법은 21세기 서양 의학에서도 점점 인기를 얻고 있다.

고대인에게 환자의 몸 전체를 치료할 것인지, 피해를 입은 장기 또는 신체 부위만 치료할 것인지, 아니면 해당 부위에 영향을 주는 질병을 직접적으로 치료할 것인지 결정하는 것은 매우 중요한 문제였다. 잎이 손 모양과 비슷하다면, 이 잎은 손가락 골절부터 괴사까지 모든 증상을 치료해 줄 수 있을까? 손가락 골절이 있는 우울증 환자에게, 우울증이 없지만 같은 상처를 가진 사람과 동일한 치료를 해 줘야 할까? 용량은 어떻게 정해야 할까? 지나치게 많은 양을 투여한다면, 환자가 사망할 수 있고 너무 적은 양은 그 효과가 미미할 수 있다. 어린이와 성인은 용량에 차등을 두어야 할까?

만약 아주 극소량의 독이 투여되어 그 독이 체내에서 자연적으로 제거된다면? 그런 경우, 나중에 독에 대한 면역력이 생겨 더 큰 독이 들어오게 되면 효과적으로 대응할 수 있을까? 이런 논리로 매일 아주 소량의 독을 섭취한다면 독에 대한 내성이 생길 수 있을까? 이와 같이 규칙이 없던 세상에서는 누군가가 반드시 규칙을 세워야만 했다. 그래서 히포크라테스와 디오스코리데스와 같은 위대한 의학의 아버지들이 등장하여 의학 지식을 체계화하고 규칙을 만들어 나감으로써 오랜 세월 동안 의학의 권위자로 인정받은 것이다. 누구나 아플 때에는 위험과 수고가 따르는 실험보다는 이미 확인된 안전한 치료 방법을 찾고 싶어 한다.

전통 의학에서도 비슷한 일이 있었다. 선조들의 의학적 시행착오는 구전으로만 전해지다가, 이후에는 존 제라드나 니콜라스 컬페퍼 같은 저자들이 약초에 대해 알고 있는 지식을 책으로 남겨 체계화했다. 이즈음 시골 사람들이 도시로 이주해 가며 오래된 '지식'의 상당 부분은 점차 없어지고 있었다. 17세기 중반 영국 공화국 시기에도 그러했는데, 컬페퍼의 약초서는 저렴한 가격에 구할 수 있는 당시 신뢰할 만한 몇 안 되는 치료법 중 하나였다.

치료법을 선택하는 것은 종종 과학과 미신의 균형을 잡는 숙련된 작업이었다. 그럼에도 불구하고 일부 약초는 수천 년 동안 특정 증상에 '좋다는' 평판만 가지고도 계속 사용되어 왔다. 약초가 치료법으로 사용된 가장 흔한 증상 중 하나는 '일반적인 통증'이었다.

➡ 15세기 약국에서 약사들이 일하는 모습을 담은 목판화. 배경에서 견습생이 막자와 막자사발로 작업하고 있다.

Chrysanthemum Parthenium, Pers.
Revision Afric. Compositae
Determinavit: J. Hutchinson
1867
120 Ex Herb. Harvey.
1867
40 Ex Herb. Harvey.

화란국화는 고대 이집트와 그리스에서 진통제로 사용된 약초이다. 이 약초는 아테네의 파르테논 신전에서 추락한 사람을 치료한 데에서 착안해 '파르테니움'(Parthenium)이라는 또 다른 이름이 붙었다. 이 약초는 10세기부터 베네딕트 수도원에서 재배되기 시작해 점차 중세 시골집의 정원으로 퍼져 갔다. 성장 속도가 빠르고, 그만큼 빠르게 사용할 수 있어 월경통에서부터 해열, 우울증 치료까지 다양한 증상에 사용되었다. 또한 보이지 않는 요정이 자신들을 화나게 한 인간과 동물에게 쏘아서 갑작스럽고 강렬한 '통증'을 유발한다는 '엘프-샷'을 치유하는 데 사용되었다는 이야기도 전해진다. 사람들은 이 민담을 증명하듯 '요정의 화살'이라고 불리는 신석기 시대의 화살촉을 발견하기도 했지만, 지금은 이런 증상이 근육 긴장이나 경련에 의한 것이라 추측한다. 화란국화가 두통 완화에 효과가 있다는 건 이미 알려진 사실이었지만, 치료 효과가 있는 약초로써의 연구는 비교적 최근에야 시작되었다. 오늘날 화란국화는 편두통 치료제로 과거보다 더 많이 사용된다.

고대 그리스인들은 양귀비의 진정 효과에 대해서 잘 알고 있었지만, 양귀비에서 모르핀, 코데인, 테바인 등과 같은 가장 강력하고 위험한 화학물질을 추출하는 방법은 알지 못했다. 사람들은 아편을 즙의 형태로 섭취했을 것이며, 이 즙은 독특하게도 양귀비의 씨앗 머리에서 추출되는 수액이었다.

민트 또한 편두통으로 고통받는 사람들의 정신을 말끔하게 하는 데 주로 사용되었지만, 극적인 효과를 기대할 수는 없었을 것이다. 고대 문명은 기원전 3000년까지도 일반적인 치료용으로 버드나무를 실험하였지만, 19세기가 되어서야 버드나무의 껍질에서 화학 물질을 분리하였고 이것은 아스피린 개발에 영감을 주었다.

⬅ 남아프리카에서 수집된 화란국화의 식물 표본 시트. 1867년.

고대인들은 심장이 혈액을 순환시키는 것과 연관이 있다는 사실을 알았지만, 영국의 해부학자 윌리엄 하비(William Harvey, 1578-1657)의 연구 이전에는 심장의 순환 작용에 대해 제대로 이해하지 못했다. 피는 두려움과 경배의 대상이자 경이로운 생명의 힘을 지닌 것이었다. 로마 군대에서 병사 100명을 거느리던 지휘관은 적군의 피를 마셨고 이집트인들은 질병을 치유하기 위해 피로 목욕했으며, 그리스인들은 과다한 피가 특정 질병을 유발한다고 믿었다. 피를 뽑는 과정이 고대 그리스 그릇에도 그려져 있다.

피가 너무 적으면 빈혈을 초래한다. 빈혈은 '피를 흘리는' 식물로 치료할 수 있는데 비트가 바로 그 식물이다. 흥미로운 점은 이런 고전적인 약징주의가 실제로도 도움이 될 수 있다는 것인데, 비트에는 철분이 다량 함유되어 있기 때문이다. 중국 전통 의학에서 심장 자체가 '정신'과 관련이 있으며, 몸 전체를 종합적으로 고려하여 치료해야 한다고 믿었다. 충격적인 일을 겪거나, 스트레스를 받는 것은 운동 부족이나 잘못된 식습관과 마찬가지로 심장의 동맥을 경화시키는 원인이 될 수 있다.

익모초는 라틴어 이름인 Leonurus cardiaca(심장 사자풀)에서 알 수 있듯이 심장에 좋다고 알려졌다. 디오스코리데스나 테오파라투스의 저서에는 언급되지 않았지만 17세기 들어 익모초는 서양에서도 약용으로 매우 인기를 끌게 되어 수 세기 동안 사용되었는데, 이는 동양의 영향을 받은 것으로 추측된다. 익모초는 불쾌한 냄새를 가지고 있음에도 불구하고, 중추 신경계를 억제하는 효과가 있어 환자를 진정시키고 '심장의 경련'도 잦아들게 할 수 있다. 1600년대에는 심계항진, 고혈압 그리고 부정맥뿐만 아니라 다른 여러 질병의 증상에도 사용되었다. 존 제라드가 기술한 내용에는 경기, 경련, 회충, 산고와 같은 증상을 완화하는 데 도움이 된다고 나와 있다. 컬페퍼는 "이 약초만큼 심장의 우울한 기운을 제거하고 튼튼하게 하며, 명랑하고 즐거운 영혼을 만드는 데 좋은 약초는 없다."라고 언급했다. 민담학자 마거릿 베이커(Margaret Baker)가 정리한 익모초에 관한 속담이 있는데 "익모초를 우려 마시는 일은 목이 빠져라 상속받기를 기다리고 있는 상속인들에게 실망과 슬픔을 주는 원천이 될 것이다."라는 내용이다.

냉장과 살균의 개념이 없던 때, 소화 기관의 질병은 때로 식중독으로 이어졌다. 물론 가끔 식중독은 다분히 의도적이거나 우발적으로 식품을 잘못 다루어 발생했다. 이는 음식을 부주의하게 보관하였거나, 부적절하게 처리하였을 때 발생한다. 예를 들어, 밀 가게 주인들이 밀 제품의 양을 늘리기 위해 석회암이나 석고와 같은 첨가물을 혼합하거나, 도축업자들이 고기를 신선하게 보이게 하기 위해 갈색 색소를 고기에 칠하는 등의 비양심적인 행위가 있었다. 식중독이 발생했을 경우, 문제가 있는 음식을 뱉어 내게 하기 위해 구토를 유발하는 약초가 유용하게 사용되었다. (이미 구토를 한 경우를 제외하고)

아이페카쿠안하(Carapichea ipecacuanha)는 꽃을 피우는 식물로 남아메리카에서 '구토 뿌리'로 알려져 있는데, 1649년에 처음으로 브라질에서 유럽으로 소개되었으며 이질 치료제로 사용되었다. 이 식물은 프랑스 의사인 엘베시우스(Helvetius)의 관심을 받았으며, 그는 아이페카쿠안하를 찾을 수 있는 마지막 한 조각까지 모두 사들여 자신만의 비밀 처방을 만들었다. 그는 자신이 사용한 다른 약초들이 특별한 효능이 없다는 사실을 알고 있었지만 '특별하게' 만들기 위해 '구토 뿌리'를 첨가했다. 엘베시우스의 비밀 처방은 이질로 고생하는 루이 14세의 아들을 낫게 했으며, 그에 대한 보상으로 그는 엄청난 부자가 되었다는 이야기가 전해진다. 컬페퍼는 이 약초를 알고 있었지만, 그의 독자가 감당하기에는 값비싼 약초였기에 대신 갯는쟁이(Atriplex patula)를 추천했다. 아이페카쿠안하만큼 확실한 효과는 없었지만, 변비를 막는 효과가 있었다고 전해진다.

컬페퍼의 책을 처음부터 끝까지 읽은 사람들은 소변을 유발시키거나 소변을 멈추게 하는 약초 또는 혈뇨를 치료하는 약초가 다수라는 사실을 알 수 있다. 그만큼 방광 문제는 심각했고, 고통스러웠기에 사람들은 치료법을 찾기 위해 애썼다. 그리스인들은 소변이 신장에서 생성되어 방광을 통해 흐른다는 사실을 이미 알고 있었다. '돌 자르기'라는 기술을 처음 발견한 건 그리스인이었다. 이는 방광에 쌓인 단단한 미네랄 결석을 제거하기 위해서 방광 일부를 절단하는 것을 의미한다. 컬페퍼는 되도록이면 방광 일부를 절단하는 수술을 하지 않도록 약초에 대한 60개 이상의 목록을 남겨 방광 결석을 제거하는 데 도움이 되도록 했다.

대부분의 현대 정원사들에게 쇠뜨기(Equisetum)는 키우기에 적합하지 않은 유독성이 있는 잡초로, 불을 피우는 용도로만 사용되고 있다. 그러나 우리 선조들은 이 고대의 모습을 하고 있는 식물을 다양한 용도로 활용했다. 깃털 같은 모양에 거친 잎을 가진 이 식물은 가축과 인간에게는 유독하나, 그럼에도 불구하고 설사를 막고 상처 치료에도 도움을 준다고 알려졌다. 와인과 함께 섭취하면 이뇨 작용을 하고 결석을 분해하는 효험이 있으며, 심지어 거친 표면을 이용하여 냄비를 닦는 데 사용했다.

오늘날의 정원사들은 컴프리(Symphytum officinale)를 악취가 있지만 탁월한 비료의 재료로 알고 있다. 하지만 과거의 농부들은 컴프리가 설사를 멎게 하고, 궤양, 통풍, 관절염, 기저귀 발진, 상처로 멍이 든 경우 찜질용으로 사용하는 유용한 약초로 알고 있었다. 게다가 골절을 치유하는 효과

➡ 15세기 인체 해부학 그림. 중세 학자들은 신체의 기관과 그 부위를 치유하는 약초를 라틴어로 명명했지만, 평범한 사람들은 흔하게 사용하는 이름으로 대체하여 사용했다.

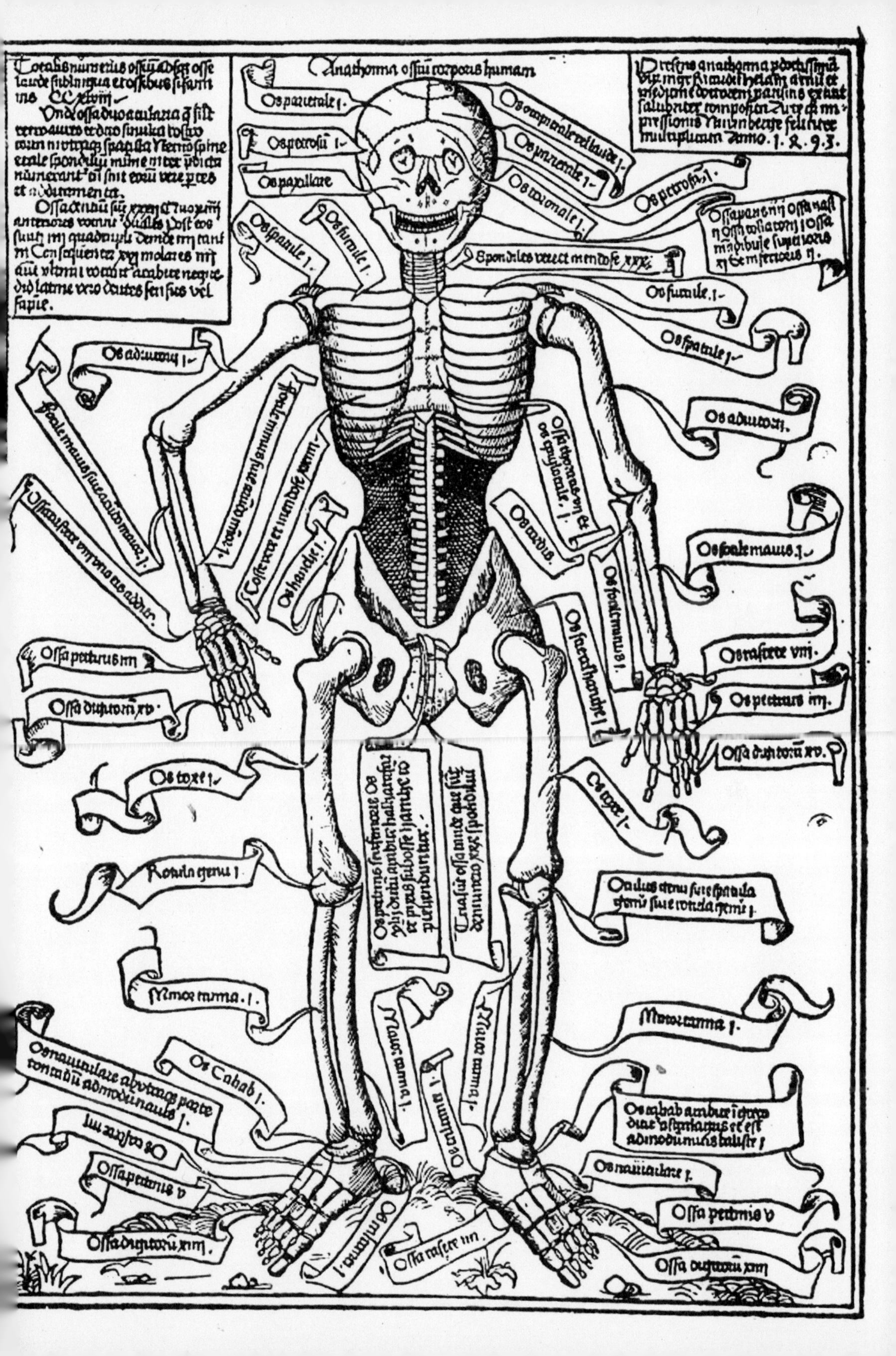

Anathomia ossium corporis humani
Os parietale .i.
Os petrosum .i.
Os occipitale vel laude .i.
Os coronale .i.
Os petrosum .i.
Spondiles vertebre mendose .xxx.
Os furcule .i.
Os spatule .i.
Os adiutorij .i.
Os focile mauis .i.
Ossa rasete .viii.
Os pectinis .iiii.
Ossa digitorum .xv.
Os coxe .i.
Rotula genu .i.
Os caude .i.
Os navicularie .i.
Ossa pectinis .v.
Ossa digitorum .xiiii.
Ossa rasete .iiii.
Os Cahab .i.
Anno .1.4.9.3.

Liber de arte Distil landi de Compositis.

Das büch der waren kunst zü distillieren die

Composita vn̄ simplicia/vnd dz Büch thesaurus pauperū/Ein schatz d' armē ge-
nāt Micariū/die brösamlin gefallen vō dē büchern d' Artzny/vnd durch Experimēt
vō mir Jheronimo brūschwick vff geclubt vn̄ geoffenbart zü trost denē die es begerē.

로도 알려져 '뼈 재생'(knit-bone)이나 '뼈를 붙이는 풀'(boneset)과 같은 다양한 지역별 이름도 가지고 있었다. 최근 연구에선 컴프리 사용의 안전성에 대해 일부 의문이 제기되었다. 단순히 컴프리를 건강 주스로 섭취했을 때는 크게 문제가 되지는 않았으나, 냄새 때문에 현명한 정원사들은 코를 빨래 집게로 집기도 했다.

암은 고대부터 인류와 함께 한 질병으로, 고대 이집트 미라에서도 발견되었다. 가장 오래된 기록은 기원전 1500년경 유방암 관련 사례다. 히포크라테스는 암이 검은 담즙의 불균형에서부터 생겼다고 믿었고, 암을 지칭할 때 죽은 세포 더미를 가리키는 '게'라는 뜻의 용어 '카르키노스'(Karkinos)를 사용했다. 당시 암 치료법도 없었고 오직 호스피스의 초기 형태인 '치료의 사원'에서 행해지는 완화 치료만 있었다. 이 곳에서는 알 수 없는 질병부터 수술 불가능한 전투 상처, 다양한 질환을 겪는 환자들을 위해 약초 목욕, 마사지 그리고 안정감을 위해 음악을 치료법으로 사용했다. 그러나 안타깝게도, 그 당시 가장 강력한 진통제는 알코올, 버드나무 그리고 약한 형태의 아편뿐이었다.

아마도 모든 치료법에서 가장 답을 찾을 수 없는 것은 아주 오래전부터 존재한 일반적인 감기다. 치료법을 찾는 데 어마어마한 시간과 노력이 들었지만 그럼에도 불구하고 우리 대부분은 여전히 매해 코를 훌쩍이고 있다. 이집트의 치료사는 감기를 마법의 주문으로 치료했다. 하지만 다른 문명에서는 감기가 증상은 성가시지만 일시적이라는 것을 알았기에 단지 증상을 완화시키기 위한 노력을 기울였다. 고대 그리스의 알코올, 계피 그리고 꿀을 이용한 치료제는 오늘날 많은 사람들이 효능이 확실하다고 생각하는 위스키, 꿀 그리고 레몬을 섞은 혼합물과 크게 다르지 않다. 그리스인들은 히솝(Hyssopus officinalis)을 '신성한 약초'라고 불렀는데 사원과 나환자들을 정화시키는 데 사용되었기 때문이다. 그 약초와 오늘날 우리가 히솝(hyssop)으로 알고 있는 약초가 같은지에 대한 의문은 남아 있지만, 최근 연구에 따르면 이 식물은 잎에 페니실린을 만드는 곰팡이를 가지고 있다. 로마인들은 이를 기침을 완화하는 데 사용했다. 1655년에는 베일에 싸인 W.M.이라는 사람이 히솝을 처방하곤 했는데, 그는 자신이 헨리에타 마리아 여왕(Queen Henrietta Maria)의 남편인 찰스 1세가 교수형에 처해진 뒤 여왕이 추방당할 때까지 그녀의 요리사로 일한 적이 있다고 주장했다. W.M.은 '여왕의 열린 옷장'을 출간했으며, 이 작품에서 그는 왕실 부엌의 비밀을 폭로했다. 감기 치료를 위한 그의 '히솝 시럽 만들기' 레시피는 히솝 한 줌, 무화과 1온스, 건포도 1온스, 대추 1온스, 프랑스 보리 1온스, 여기에 물을 3파인트 넣고 끓인 뒤에 1쿼트까지 졸이고, 달걀 2개를 넣고 흰자가 익었을 때 설탕 2파운드를 넣어 시럽 형태로 끓인다. 귀족들은 히솝 시럽을 만드는 데 필요한 재료를 충분히 감당할 수 있었지만, 가난한 사람들은 여력이 없었기에 히솝 차로 대신했다.

로마 시대의 의사 갈레누스는 '상반된 것들'을 선호하여 뜨거운 성질인 매운 고추 등을 감기 치료에 사용했지만, 로마의 다른 의사들은 시원한 가시상추(Lactuca serriola)를 선호했다. 컬페퍼 또한 같은 생각으로 야생상추(Lactuca dregeana)를 진하게 우린 차를 권했다. 일반적인 유칼립투스(Eucalyptus globulus)는 호주 원주민에게 유용했다. 그들은 유칼립투스 나무 껍질을 사용해서 배를 만들거나, 다 자란 나무에서 생기는 울퉁불퉁한 종양으로 그릇을 만들었다. 또 그들은 상처와 외상을 나무에서 나온 수지로 치료했다. 유칼립투스 잎은 유명한 향기를 만들어 내는 오일 샘으로 뒤덮여 있었고 나무와 사람을 모기나 다른 곤충으로부터 보호해 주었다. 항균 및 진통을 제어하는 특성을 가지고 있는

⬅ 브렁슈빅(Hieronymus Brunschwig)의 '혼합물 증류 기술에 관한 책'에 나온 그림. 1512년경. 약제사와 그의 조수가 이중 증류기를 사용하고 있다.

유칼립투스 오일은 건조한 피부에서부터 곰팡이 감염, 근육통, 치통까지 모든 것을 치료한다고 알려졌다. 하지만 가장 대표적인 용도는 일반 감기 치료제였다. 독성으로 인해 직접적으로 섭취하는 것은 주의가 필요하지만, 유칼립투스 향으로 가득 찬 증기는 콧물 완화에 좋다고 알려졌다. 이처럼 우리는 감기를 완전히 낫게 하는 치료법을 찾아내진 못했지만 수천 년의 노력 끝에 적어도 조금은 견딜 만하게 만들어 왔다.

⬆ 큐 왕립 식물원에 수집된 양귀비 식물 표본 시트. 2009년. 고대 시대 몇 안 되는 진통제 중 하나로 쓰였다.

⬆ 스코틀랜드에서 수집된 익모초 식물 표본 시트. 1962년. 이 식물은 심장 질환, 불안, 생리통에 사용되었다.

서양민들레

Dandelion · *Taraxacum officinale*

**민들레는 가장 흔한 야생화 중 하나로,
심지어 식물 이름을 잘 알지 못한다는 사람들도 쉽게 알아볼 수 있다.**

아이라면 누구나 이 솜털 모양의 씨앗에 바람을 불어 보았을 것이다. 어떤 지역에서는 민들레 씨앗을 요정으로 여긴다. 씨앗을 날려 보내면 갇혀 있던 작은 요정들이 풀려난다고 여겨, 불기 전에 소원을 빌게 되었다. 다른 지역에서는 씨앗을 잡으면 소원을 비는데, 사실상 요정을 인질로 잡고 날려 보내기 전에 대가를 요구하는 것으로도 볼 수 있다. 다행히 모든 씨앗을 불어 버리면 어머니로부터 버림받는다는 무시무시한 옛이야기는 더 이상 전해지지 않는 것 같다.

많은 별명 중에 하나인 '피스 어 베드'(piss-a-bed, '침대에 소변을 보다'라는 뜻의 프랑스어)는 민들레를 꺾었을 때 무슨 일이 벌어지는지에 대해 바로 떠올리게 한다. 이 민담의 일부는 민들레가 수백 년동안 신장 기능 향상과 소변 배출을 용이하게 해주는 이뇨제로 사용된 예에서 유래했다. 컬페퍼는 류머티즘부터 심장이 약한 경우까지 다양한 증상에 민들레를 유용하게 사용했으며, 무엇보다 "안경 없이 더 멀리 볼 수 있게 도와준다."라고 언급했다. 그에 따르면 민들레의 효능은 영국이 아닌 다른 국가에서 더 잘 알려져 있으며, 이는 그와 상반된 입장인 영국 의사 협회가 일반적인 식물에 대한 지식을 비밀로 해 대중들이 비싼 약을 사야만 하는 상황을 초래했기 때문이라고 했다.

다른 민간 치료법에는 민들레 줄기에서 나오는 백색의 즙을 사마귀 및 상처 치료제로 사용하고, 민들레 자체를 성 요한의 날(6월 23일) 전날에 채집해 강력한 마녀 퇴치제로 사용하기도 했다고 전해진다. 초원에서는 소가 민들레의 쓴맛을 좋아하지 않음에도 불구, 번식과 건강에 좋다는 이유로 소에게 먹이기도 하였다.

민들레는 지중해에 있는 크레타섬에서 이집트 카이로에 이르는 지역까지, 전통적으로 인기 있는 식용 허브였다. 뿌리는 주로 가을과 겨울에 수확하고 더 매운맛을 원할 경우, 일부는 7월에 수확하기도 한다. 어린 민들레 잎을 '사자의 이빨'이라고 불렀는데 이 잎 또한 샐러드에 얼얼한 맛을 더하기 위해 사용되었고, 이는 영국 튜더 시대에 친숙한 레시피였다. 제2차 세계 대전 시기, 커피가 귀했을 때 사람들은 민들레 뿌리를 볶아서 가루로 만들어 대용으로 마셨다. 이 방법은 19세기에 북미 정착자들이 자주 애용한 방법이라고 전해진다. 1970년대에는 집에서 와인 만들기 열풍이 부활하면서, 황금빛 꽃 수백만 개가 가득 찬 대용량 와인 병 수천 개가 영국 전역의 차고에서 발효되었다. 이 과정은 주로 성 조지의 날(4월 23일)에 시작되었다.

➡ 독일의 식물학자 오토 빌헬름 토메(O.W. Thomé)의 저서 '독일, 오스트리아 및 스위스의 식물상'에 나온 서양민들레. 1885년.

XIX, 1.
142. Compositae.
26. Lactuceae.
WM.
A
2
3
1
607. Taraxacum officinale Weber.
Gebräuchliche Kuhblume.

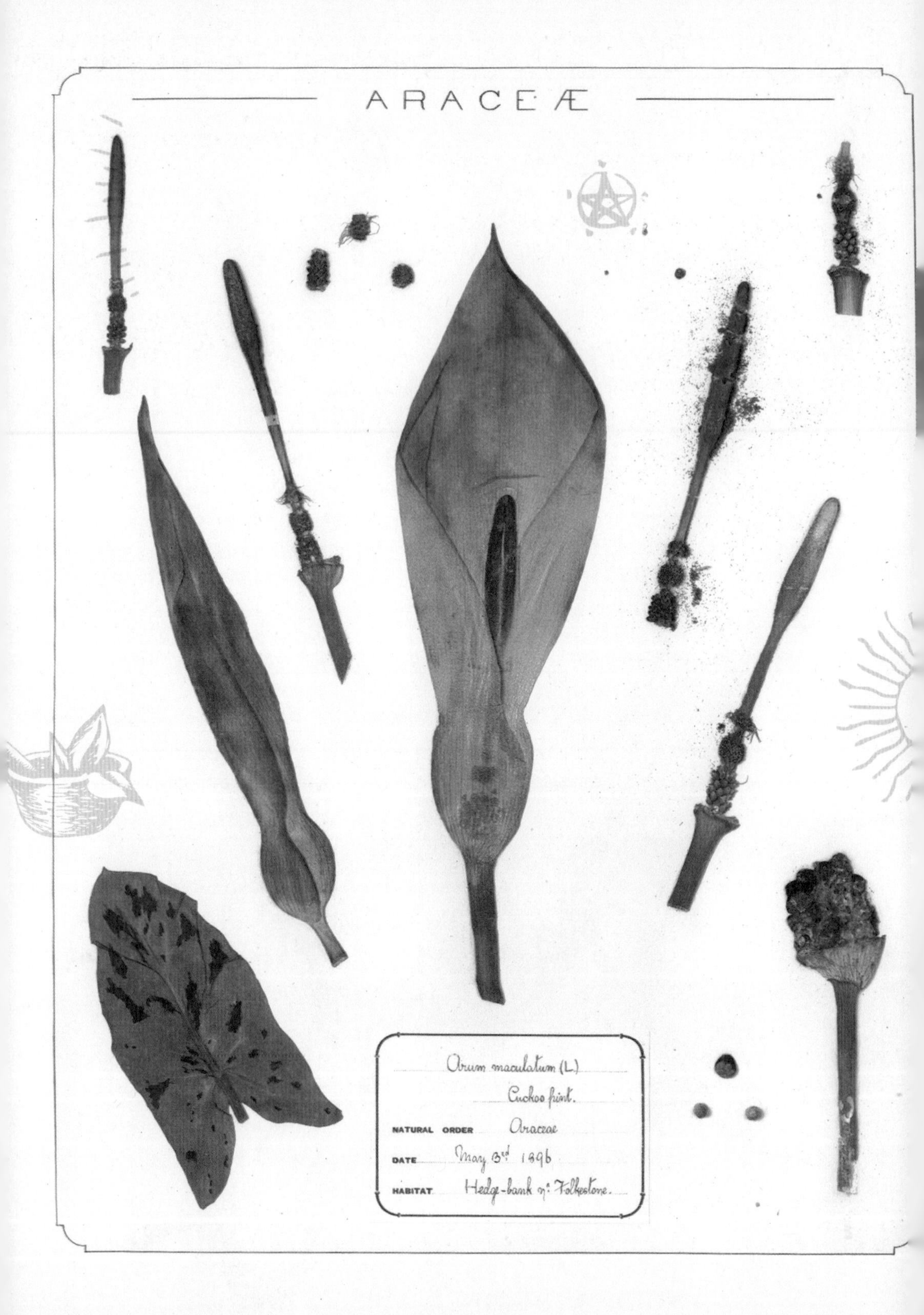
ARACEÆ
Arum maculatum (L.)
Cuckoo pint.
NATURAL ORDER Araceae
DATE May 3rd 1896
HABITAT Hedge-bank nr. Folkestone.

아룸 마쿨라툼

Lords-and-ladies · *Arum maculatum*

일부 식물들은 포식자에 대항하여 스스로를 보호하기 위해 독성이 있는 것처럼 위장한다. 하지만 다른 세상에서 온 듯한 섬뜩한 느낌을 주는 아룸 마쿨라툼은 보기만큼이나 위험하다.

낮은 위치에서 자라는 이 독특한 식물은 그리스도의 십자가 아래에서 자라났다고 전해지며, 그 어두운 초록색 화살 모양 잎은 그리스도의 피로 영원히 자주색 얼룩을 띠게 되었다. 옅은 황록색 모자를 쓴 것 같은 포엽은 안쪽에 두터운 가시를 가지고 있다. 이 식물은 가끔씩 '설교당 안의 목사' 또는 '설교당 안의 늙은이'로 불리기도 하는데 이는 사탄을 일컫는 별명이기도 하다. 매년 가을이 되면 잎이 하나도 없는 줄기와 호박색 열매가 줄지어 서 있는 모양을 보고 '요정의 신호등'이라 불렀는데, 이 열매는 독사가 독을 만들기 위해 먹었다고 하여 '뱀의 고기'라는 이름이 붙여졌다.

숲이나 덤불에서 발견되는 아룸 마쿨라툼은 아주 작은 바늘 모양의 결정을 세포에 가지고 있어 피부 자극을 일으킬 수 있다. 맛 또한 매우 끔찍한데 이를 섭취 시 목이 부어오르거나, 구토 및 호흡 곤란을 유발할 수 있기 때문에 오히려 위험을 알리는 좋은 신호가 될 수 있다.

이 식물의 '남성스러운' 특성을 고려했을 때 성적인 의미를 가지고 있다는 사실은 놀랍지 않다. 일부 지역에서는 '성적 자극 효과를 가진 식물'로 알려져 있는데 이는 최음제 성분 때문이다. 만약에 남성이 아룸 마쿨라툼을 먹는다면, 성적인 욕구로 인해 잠들기 어려울 것이다. 믿기 힘들지만 여성은 만지는 것만으로도, 임신이 되거나 위험에 빠질 수 있다고 알려졌다.

⬅ 영국의 자연학자 제임스 존 자일스(James John Giles)가 영국에서 수집한 아룸 마쿨라툼 식물 표본 시트. 1896년.

이 식물이 오랜 세월 독으로 사용된 것은 놀라운 일이 아니지만, 늘 나쁘게 사용된 것만은 아니다. '유럽아룸'으로도 알려져 있는 이 식물은 나쁜 별명뿐 아니라 좋은 별명도 가지고 있다.(150개가 넘는 별칭을 가지고 있는데, '개의 음경'과 같은 다소 저속하지만 그럴듯한 이름도 그중 하나이다) 일부 지역에서는 '요정의 램프'라는 이름도 있었는데 이는 밤에 빛나기 때문이었다. 꽃가루 역시 해 질 녘에 적은 양의 푸른 빛을 발한다.

적절하게 가공된 뿌리는 종종 먹는 용도로 사용되었으며, 특히 빅토리아 시대에는 뿌리를 갈아서 '포틀랜드 밀가루'(Portland sago)라는 이름으로 녹말가루 대용으로 시장에 출시되었다. 엘리자베스 시대의 옷깃 제작자들은 이 식물의 전분을 이용해서 레이스를 빳빳하게 고정시켰다. 화려한 모양의 옷깃이 유행에서 사라진 후에도, 이 식물의 뿌리는 18세기 가발 스타일링을 위한 '사이프러스 파우더'(Cyprus powder)의 재료로 사용되었다.

니콜라스 컬페퍼는 아룸 마쿨라툼에 매우 관심을 보였으며 소의 뜨거운 배설물과 섞어서 관절통 완화에 사용했다. 으깬 상태의 잎은 역병으로 발생한 종기, 상처의 독소를 빼내는 역할을 했다. 뿌리와 잎을 섞어 와인이나 오일과 함께 끓여 사용하면 치질에 좋은 것으로 알려졌다. 또한 컬페퍼는 열매로 만든 주스를 장미 오일에 넣고 끓여서 귀 통증 치료에 사용했다. 하지만 이 방법은 현대 약초학자의 동의를 얻긴 어려울 것이다.

버드나무

Willow · *Salix*

그리스 신화의 인물 오르페우스(Orpheus)가 저승으로 여정을 떠날 때 버드나무 가지를 가져갔다는 이야기 이후로, 버드나무는 슬픔 또는 상실의 상징이 되었다.

구약성서, 시편 137편에는 추방된 이스라엘 사람들이 바빌론 강가에서 슬피 울며 버드나무 위에 하프를 걸었다는 구절이 있다. 여기서 수양버들의 라틴 학명인 'Salix bablyonica'가 유래했다. 초기 현대 영국에서, 버드나무 가지는 부족한 종려나무 가지를 대신해서 종려 주일에 교회 장식에 사용되곤 하였다. 이 나무는 전 세계적으로 묘지에 심어져 왔다. 중국 사람들은 매년 열리는 청명절에 '묘소를 정돈하기 위한' 축제에서 고인을 기리기 위해 버드나무 가지를 꽂아 둔다. 이런 행위는 재생과 불멸을 상징한다고 전해진다. 일본에서 버드나무 가지는 유령과 관련이 있지만 동시에 아름답고 가련한 게이샤를 의미하기도 한다. 아일랜드에서 '숲의 평범한 사람'이라고 불리는 버드나무는 밤에 스스로 뿌리를 뽑아 외로운 여행자를 따라다닌다는 이야기가 있다.

16세기에서 17세기에 버드나무 잎은 버림받은 연인 그리고 사랑의 배신과 연관이 있었다. 이 나무에게 마음을 털어놓을 수는 있지만, 나무가 비밀을 지켜 줄 거라고 기대하면 안 된다. 비밀은 곧 바람을 타고 사람들에게 전해지기 때문이다.

전통적으로 버드나무는 처형할 때 쓰였으며 이 나무를 태우는 것은 불운을 의미했다. 반면에 이것으로 만든 지팡이는 악을 쫓아내거나 신점에서 점괘를 내는 용도로 사용되기도 하였다. 또 흰 버드나무(Salix alba)로 만든 크리켓 배트가 최고의 품질을 자랑한다고도 한다. 때로 버드나무 가지는 학생들에게는 고통스러운 처벌용으로 사용되었는데, '사랑의 매'라는 뜻으로 아일랜드에서는 'Sally rods'라는 이름으로 불렸다.

수천 년 동안 버드나무는 고통의 상징이었지만, 사실 훨씬 더 좋은 평가를 받을 만했다. 고대 이집트와 그리스 시대부터 이 나무는 거의 기적과 같은 효과가 있다고 알려져 왔다. 히포크라테스는 버드나무 껍질이 산통에 좋다는 사실을 알고 있었고, 디오스코리데스는 통풍에 좋다고 언급했다. 미국 원주민들은 버드나무 가루를 염증과 벌에 물린 상처에 사용했다. 1763년, 옥스포드셔의 한 목사인 에드워드 스톤(Edward Stone)은 버드나무 가지를 씹으면 두통, 치통, 귓병이 완화되는 효과가 있으며, 성공적으로 치료한 사례를 영국의 과학 협회에 편지를 써서 보고했다. 19세기 초에는 버드나무 껍질과 느릅터리풀에 함유된 배당체인 살리신(salicin)이 살리실산(salicylic acid)의 형태로 만들어져 통증을 완화하고 혈액을 수축하는 약물의 시초가 되었다. 이후 나무의 수액과 껍질에서 훨씬 더 많은 양의 살리신이 발견되어, 통증을 완화하고 혈액을 희석시키는 데 사용되는 약물이 개발되었다. 현재는 합성 원료를 사용하고 있는데, 이것이 우리가 알고 있는 아스피린이다.

➡ 독일의 식물학자 오토 빌헬름 토메의 저서 '독일, 오스트리아 및 스위스의 식물상'에 나온 흰버드나무. 1885년.

168. Salix vitellina L. Dotterweide.

Umbelliferae.
1
2
3
4
5
6
7
8
9
10
11
12
A
WM.
Foeniculum capillaceum Gilib.

회향

Fennel · *Foeniculum vulgare*

웨일스의 속담에 따르면, 10세기 귀네드 왕국의 왕, '이아고 압 이드발'(Iago ab Idwal)은 "회향을 보고도 채취하지 않는다면, 사람이 아니라 악마이다."라고 말했다.

가장 잘 알려진 허브 중 하나인 회향은 특징적인 부채 모양의 잎사귀와 독특하고 달콤한 향을 가지고 있으며, 지중해에서 아시아에 이르기까지 요리에 가장 흔하게 쓰이는 허브이다. 또 당근과 샐러리와 함께 미나리과에 속하며 원래는 암석과 절벽에서 자라지만 현재는 많은 장소에 적응하여 종종 '정원의 잡초'로 여겨지기도 한다. 고대 그리스어로 마라토스(marathos)라고 알려진 이 허브는 프로메테우스가 신들의 불을 훔쳐서 이것의 빈 줄기에 감춰 두었기 때문에 신성한 식물로 알려졌다. 회향은 해마다 8일 동안 진행되는 고대 그리스의 아도니스 축제에서 화분에 심어 싹을 틔우는 의식에 사용된다. 마라톤(Marathon) 마을은 이 식물이 지역의 비탈면에서 많이 자랐기 때문에 식물의 이름을 따서 지어졌다.

회향은 색슨족의 아홉 가지 신성한 약초 중 하나로 뱀이 허물을 벗기 전에 먹은 식물이라는 이유로 부활의 의미를 가지고 있다. 플리니우스는 이 약초로 치료할 수 있는 20개가 넘는 질병을 기록으로 남겼으며, 프랑크 제국의 창시자 샤를마뉴 대제는 수도원의 정원과 황궁에서 회향을 재배하도록 명령을 내린 적이 있다. 영국의 에드워드 1세는 한 달 안에 8파운드 반이나 되는 많은 양의 회향을 구입했다. 튜더 왕조가 식사 후 소화제 겸 즐겨 먹던 과자 '컴핏'(comfit)의 조리법은 회향 씨앗을 작게 만들어 세밀하게 설탕 처리를 하는 방법이었다. 1585년에 출간된 '훌륭한 가정주부의 보석'에서는 이 약초로 만든 음료가 날씬하게 만들어 주는 효과가 있다고 추천했다.

회향의 씨앗을 씹으면 소화 불량이 나아지고 붓기가 가라앉고, 가스가 빠지고 딸꾹질이 멈췄다. 컬페퍼는 씨앗을 먹으면 모유량이 늘고, 이뇨 작용을 하며 '체내의 돌을 제거하는' 효과가 있다고 추천했다. 회향 씨앗을 와인에 넣고 끓이면 독성이 있는 허브 또는 독버섯을 먹은 사람의 복통을 줄여 줄 수 있다고 믿었다. 회향을 통째로 넣고 증류시킨 것은 시력에 좋다고 알려졌지만 다른 용도로 매우 유용하게 사용되었다. 하지를 맞아 현관에 걸어 두면 마녀를 쫓아 준다는 이야기가 있었고, 말의 굴레 근처에 부착하면 벌레를 막아 주며 마루에 뿌리면 벼룩 퇴치제로 사용되었다. 그리고 열쇠 구멍을 이 약초로 막아 두면 유령을 내쫓을 수 있다고 믿었다.

다양한 효능에도 불구하고 일부 사람들은 회향을 집에서 재배하기보다 야생에서 채집하는 걸 선호했다. 그 이유는 "회향을 심으면 고생을 심는다."라는 고전 속담 때문이었다. 아마도 정원에서 기르면 매해 봄마다 관리하기에 너무 많은 새싹이 자라나기 때문이었을 것이다.

⬅ 쾰러의 '약용식물도감'에 수록된 회향 그림. 1897년.

바질

Basil · *Ocimum basilicum*

오늘날 많은 사랑을 받는 허브인 바질의 시작은 형편없었다. 고대 그리스인들은 바질이 약용 허브로서 귀중하게 쓰일 많은 특징이 있음에도, 그다지 중요하지 않게 생각했다.

디오스코리데스는 바질을 대량으로 섭취할 경우, 시력 저하, 장 기능 약화 및 가스 발생이 따를 것이라고 주장했다. 바질은 이뇨 작용을 하며, 수유를 촉진하지만 일반적으로 소화가 잘 안 되는 약초였다. 또 크레타섬에서는 죽음과 연관되어 악마의 소유물로 여겨졌다. 유럽의 다른 지역에서는 마녀의 허브로 간주되었다. 만약 바질 잎을 냄비 아래에 두면 전갈로 변할 것이라는 이야기도 함께 전해졌다.

플리니우스와 아랍 의사들은 이 식물을 옹호했지만, 컬페퍼가 이 식물에 대해 저술할 때만 해도 여전히 논란이 있었다. "바질은 모든 저자가 서로 욕하고 다투는 식물"이라고도 했는데 그리스인들에 따르면, 바질의 번성을 위해서는 씨를 뿌릴 때 욕을 해야 한다고 한다. 그 이후로 이 허브는 불화와 관련되게 되었다. '바질을 뿌리다'라는 프랑스 관용어는 고함치고 악을 쓰다는 뜻을 가지고 있다.

그럼에도 불구하고 바질은 매우 유용한 약초이다. 맛을 내고, 흩뿌리고, 강력한 방충제로써 파리, 모기, 바퀴벌레 등의 곤충을 쫓았다. 지중해 지역의 많은 사람들은 지금도 창문가에 바질 화분을 키워 같은 목적으로 사용하고 있다.

이 허브에 대한 인식이 변하기 시작한 계기는 성 헬레나(St Helena)가 예수가 못 박혔던 십자가를 발견한 이야기와 관련이 있다. 헬레나는 4세기에 살았지만, 그녀의 기적에 가까운 예루살렘 순례에 대한 이야기는 몇 세기에 걸쳐 전해졌다. 하느님이 그녀에게 그리스도의 십자가가 어디 있는지 안내해 줄 표식을 약속했다고 했다. 결국 그녀는 며칠 밤낮을 찾아다녔고, 메마른 언덕에서 향긋한 식물이 자라나는 것을 발견했다. 그 식물 아래에서 그녀는 십자가를 발견했다. 이런 이유로 오늘날까지도, 그리스 동방 정교회는 종종 성수에 바질을 사용한다.

점차 달콤한 바질은 더 사랑스러운 미신과 연관 지어졌다. 몰도바(Moldova)에서는 소년이 소녀로부터 바질 가지를 받으면 영원히 그녀를 사랑하게 된다고 믿었다. 멕시코 사람들은 주머니에 바질 잎 몇 장을 넣어 행운과 돈을 불러들였으며, 이탈리아에서는 마침내 사랑의 허브로 알려지게 되었다. 홀리 바질은 힌두 사원과 가정에서 신성한 향신 작물로 여겨진다. 이는 부와 풍요의 여신 라크슈미(Lakshmi)를 상징하기 때문에, 절대 따서는 안 된다.

어떤 곳에서는 여성이 바질 화분을 방 앞에 두면 그녀가 사랑을 할 준비가 되었다는 뜻을 의미한다. 물론 단지 그녀는 벌레를 쫓으려고 한 것일 수도 있다.

➡ '식물학을 모든 사람에게 알기 쉽게'라는 책 속 바질. 1774년.

d
f
b
c
g
e
a
Le Basilic
Ocymum Basilicum. L. S. P.
Ital. Basilico. Angl. Basil. Allem. Citronen Basilien.
Nangis Regnault f.

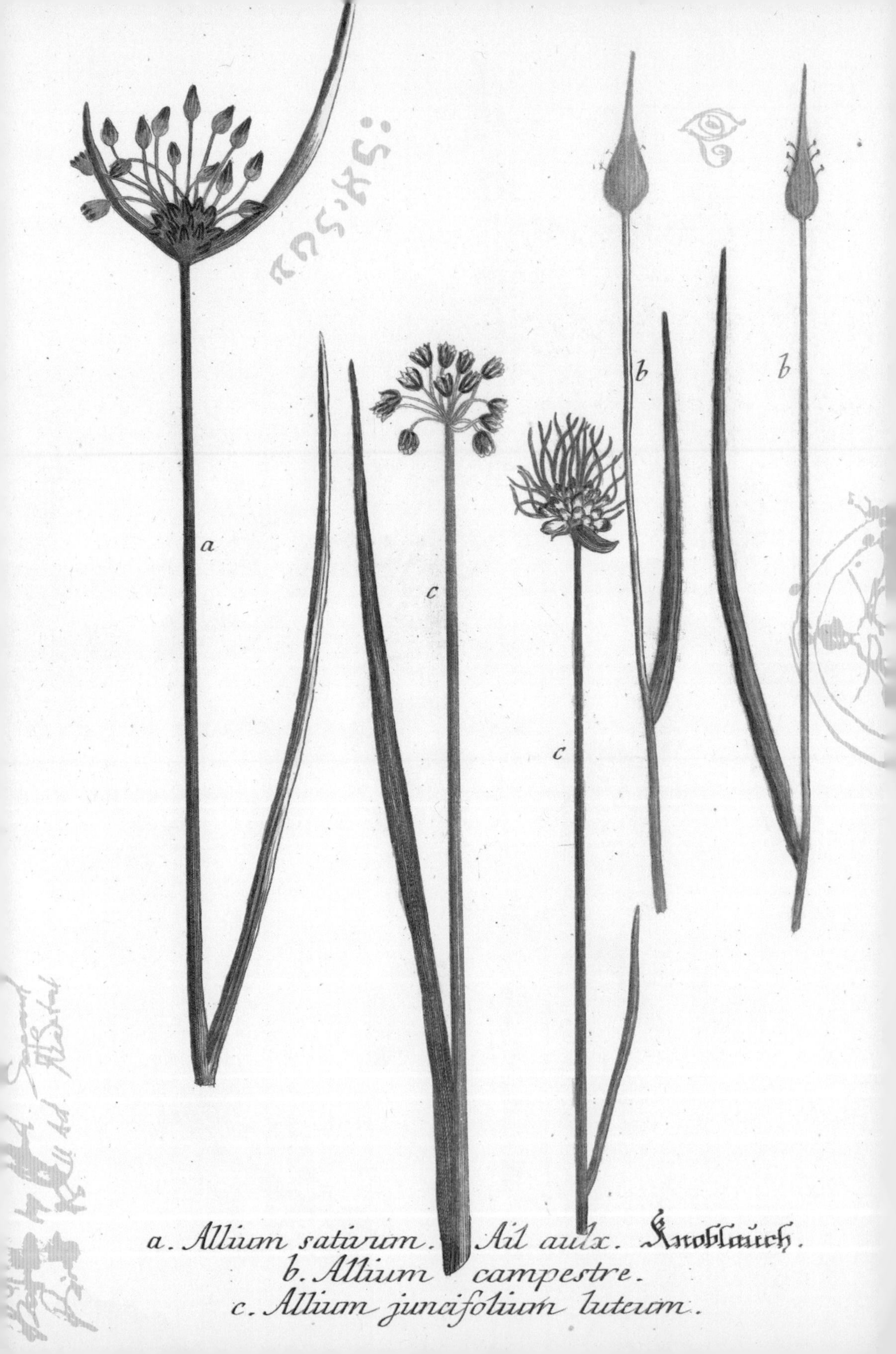

a. Allium sativum. Ail aulx. Knoblauch.
b. Allium campestre.
c. Allium juncifolium luteum.

마늘

Garlic · *Allium sativum*

마늘은 식품, 양념, 치료의 효과를 가지고 있는 세계에서 가장 인기 있는 식물 중 하나로 아시아에서 서양으로 전해져 와 지금까지 널리 쓰인다.

고대 이집트 사람들은 마늘을 숭배하여 기자의 대 피라미드 건설 현장에서 일하는 사람들에게 힘을 내고 질병을 멀리하게 하기 위해 마늘을 주었다. 고대 한국 사람들은 산에 가기 전에 마늘을 먹었는데 이는 호랑이가 마늘 냄새를 싫어한다고 믿었기 때문이다.

악령도 마찬가지로 마늘을 싫어했다. 많은 문화권의 사람들은 밤중에 여행을 떠나기 전 마늘을 먹었고 고대 그리스의 산파들은 악령을 내쫓기 위해서 분만실에 마늘을 매달았다. 마늘과 뱀파이어를 연결 짓는 전통은 루마니아에서 시작되었다. 루마니아에서 이 식물은 실제로 모든 악한 것, 마녀, 주술사 등을 물리치는 데 사용되었다가 점점 특정 대상이 생겼다. 마늘쪽을 뱀파이어에게 물린 것으로 보이는 시체의 구멍이나 입구를 막는 데 사용했고, 중국과 말레이시아에서는 아이들 얼굴에 마늘즙을 발라 잠을 자는 동안 공격을 막았다.

수선화과에 속하는 이 식물은 비타민과 미네랄이 풍부하지만, 구근이 가지고 있는 치료 효험은 활성 성분 알리신(allicin)에서 나온다고 알려져 있다. 마늘을 으깨면, 알리인(alliin)과 같은 황 함유 성분들이 알리나제 효소와 접촉하여 알리신을 비롯한 다른 화합물로 변화한다. 알리신은 양파와 파 등의 다른 파속 식물에도 존재하지만 마늘에 비해 비교적 적은 양이다. 마늘은 항염 및 항균 효과가 있으며, 오랫동안 일상에서 없어서는 안 되는 약초였다.

고대인들은 알리신에 대해서 몰랐지만 마늘 안에 있는 어떤 성분이 효과가 있다는 사실은 알고 있었다. 히포크라테스는 마늘을 감염, 흉기에 의한 부상, 암 그리고 한센병 등을 지닌 환자에게 권유했다. 디오스코리데스는 오늘날과 유사하게 심장 질환에 추천했으며, 플리니우스는 마늘을 사용한 61개의 치료법을 제안했다.

민간 전통에서 마늘은 섭취할 필요가 없기도 했다. 신발 안에 마늘을 넣어 두면 백일해를 예방할 수 있고 구근을 정원에 심어 두면 홍역을 확실히 예방할 수 있다. 마늘은 또한 흑사병 시기의 악명 높은 '네 도둑의 식초' 구성 성분 중 하나였다. (170 페이지 참고)

컬페퍼에 따르면 이 식물은 '가난한 사람의 약물'로 다양한 질병과 상처에 대한 치료제였다. 그러나 그는 적절한 양을 섭취하도록 권고했는데, 마늘이 가진 열기가 매우 뜨겁다고 경고하며, '우울증으로 고통스러운' 사람들에게는 도움을 줄 수 있지만 '화를 잘 내는 사람들에게는 불에 기름을 더하는 꼴'이라고 언급한 바 있다. 제2차 세계대전 중에도 모든 진영에서 마늘은 항균제로 사용되었으며, 오늘날에도 음식의 맛을 좋게 하며 건강한 삶을 유지하기 위한 방법으로 여전히 사용되고 있다.

⬅ 18세기 독일의 식물학자이자 출판인인 요한 바인만(J.W. Weinmann)의 '식물도감'에 나오는 마늘. 1737년.

망종화

St John's wort · *Hypericum perforatum*

망종화는 태양처럼 노란 꽃으로 오늘날 많은 정원, 심지어 주차장에서도 흔히 볼 수 있어 우리는 선조들이 그 식물을 대했던 태도하고는 사뭇 다른 태도를 취하게 된다.

수백 년 동안, 망종화는 성 요한 세례자와 관련 있었는데, 이 식물 안에 성 요한 세례자의 피가 흐른다고 전해졌다. 매년 8월 29일, 성인의 처형을 기념하는 날에 잎 위에 핏빛 얼룩 오일이 나타난다고 한다. 다른 전설에 따르면, 성 요한 기사단의 기사들이 십자군 전쟁 중 부상자를 치료하기 위해 이 식물을 사용했다고 한다.

망종화는 진통제로 사용되며 악령을 내쫓을 때에도 사용되었다. 또 '제정신이 아닌' 사람들을 진정시키기 위해 망종화 오일이 들어 있는 주스를 마시게 했다. 이 약초는 특히 스코틀랜드에서 존경 받았다. 일부 지역에서는 신성하게 여겨져 집, 축사, 유제품 저장소에 매달았다. 애버딘셔(Aberdeenshire) 지역에서는 망종화 한 조각을 베개 밑에 두고 자면 성자로부터 축복을 받고 즐거운 꿈을 꾸게 된다고 전해졌다. 헤브리디스 제도(Hebrides)에 사는 사람들은 여기에서 한 발 더 나아가 속옷 안에 약초를 넣으면 투시력이나 마법, 죽음을 피할 수 있으며 평화와 풍요를 가져오는 것으로 생각했다. 그러나 이 식물은 우연히 찾아야만 효과가 있다. 찾으려고 노력하면 효력이 약해졌다.

이 '요정의 약초'는 성 요한의 날, 6월 24일 새벽 이슬이 남아 있을 때 수확하는 것이 가장 효과가 좋았다. 만약 소녀가 꺾은 가지가 다음 날 아침까지 신선하다면, 결혼할 남편을 찾을 확률이 높았다. 나체로 약초를 수확한 여성은 그해 안에 임신할 가능성이 있었다. 다른 장소에서 망종화는 성 요한의 날 전날 집안에 매달면 유령, 악마 그리고 번개를 막아 주었다. 웨일스에서는 가족 구성원마다 가지를 하나씩 모아서 이름을 지어 매달아 두고, 가장 먼저 시든 가지의 주인이 제일 먼저 죽을 것이라고 전해졌다. 와이트섬(Isle of Wight)에서는, 망종화 덤불을 밟지 않도록 주의해야 했다. 요정의 말(horse)이 덤불을 밟은 사람을 납치한 뒤 몸이 녹초가 될 때까지 괴롭히고 멀리 떨어진 곳에 버린다는 이야기가 전해지기 때문이다. 망종화는 이뇨제로 사용되고, 기생충 치료, 신경 자극, 기침과 멍 치료 그리고 상처를 봉합하는 연고로도 사용되었다. 또 기분 조절 및 정신 건강에 도움을 줄 수 있다. 컬페퍼는 이 식물이 광증과 우울증 치료에 좋은 효과가 있다고 추천했는데, 오늘날에도 항우울증제로 계절성 우울 장애를 치유하는 데 사용된다.

➡ '북유럽의 식물 그림'에 나와 있는 망종화. 1901년-1905년경.

MANSBLOD, A. HYPERICUM PERFORATUM L.
B. HYPERICUM MACULATUM CR.

PLANTS OF UGANDA, AFRICA
Herbarium of the Arnold Arboretum, Harvard University
No. 446 Mrs. M. V. Loveridge Jan. 31, 1939
Nymphaea caerulea Savigny s.l.
Lake Mutanda, above Mushongero; alt. 5925 ft.
In lake. Flower purple with yellow centre.
Flora of Tropical East Africa
Nymphaea nouchali Burm. f.
var. mutandaensis Verdc.
Det. Date 28.1.88

수련

Lotus · *Nymphaeaceae*

수련은 창조 신화, 죽음과 부활에 관련된 신화적이고 성스러운 식물로 널리 알려져 있다.

아시아에서는 연꽃과 수련을 엄연히 다른 식물로 구분하지만, 영어의 'Lotus'는 연꽃과 수련을 함께 뜻한다. 유럽 원산지의 노란 수련(Nuphar lutea), 아프리카의 파란 수련(Nymphaea nouchali var. caerulea) 그리고 동양의 하얀 연꽃(Nymphaea lotus) 모두 전 세계에서 숭배받는다. 고대 이집트인은 파란 수련을 '태양의 꽃'이라고 불렀는데, 그 이유는 수련의 노란 '눈동자'와 새벽에 물 위로 떠오르는 습성 때문이었다. 이집트의 태양신 호루스(Horus)는 매일 밤 닫힌 꽃에서 지내고 다음 날 수련에서 태어났다. 최초의 수련은 태초의 혼돈 속에서 솟아올라 풍뎅이 형태로 창조주를 드러냈다.

수련은 무수히 많은 무덤 벽화에서 발견되며, 수련 모양의 상형 문자는 숫자 1000을 의미한다. 부활을 상징하는 흰수련은 이집트의 신 이시스(Isis)의 상징이었다. 이 꽃은 약간의 마취 효과가 있어 의학에서 사용되었지만, 그 의도가 늘 긍정적인 것은 아니었다. 수련 잎으로 만든 연고는 "미워하는 여성의 머리에 바르면 머리카락이 빠진다."라는 이야기가 있었다.

힌두 전통에서, 비슈누(Vishnu) 신은 1000장의 황금 꽃잎으로 연꽃을 만들었는데 그 안에 창조주 브라마(Brahma)가 앉았다. 이 꽃은 또한 창조주의 자궁을 뜻하며 여기서 여신 파드마(Padma)가 태어났다고 전해진다. 일본에서 연꽃은 낙원을 상징한다. 불교에서는 깨달음의 강력한 상징으로, 영적인 의욕이 물질적인 욕구를 통제하는 것을 상징한다. 일반적으로 반쯤 개방된 연꽃은 아직 진리에 통달하지 않았음을 시사한다.

그리스인에게 미의 상징인 노란 수련은 아편과 유사한 효과를 불러일으키기 위해 사용되었다. 더 구체적으로는 질 분비물을 치료하는 데 사용되었으며, 고대 이집트에선 앞서 저주를 내리던 것과는 반대로 흰수련을 비듬 치료에 사용하였다.

디오스코리데스는 수련의 뿌리를 사용하여 무력함을 유발해 에로틱한 꿈을 치료하는 것을 제안했다. 존 제라드도 이와 비슷한 생각을 했으며, '육체적 욕망에 대항' 그리고 '꿈으로 인해 발생하는 정자의 과잉 분비를 치료' 하기 위해 이 꽃을 추천했다. 또한 '적리(이질)' 치료에도 효과가 있었다.

그리스 신화에서는 수련을 먹은 자들은 사치와 나태를 추구하는 섬 주민들로, 이상한 식물을 먹고 영원한 졸음에 빠져들었는데, 그들이 오디세우스의 선원들을 꾀어 함께 탐닉하도록 하여 선원들이 귀중한 시간을 낭비했다는 이야기가 전해진다. 신화에서 언급한 식물이 무엇인지 아무도 모르지만, 호메로스는 아마도 수련에서 영감을 받아 쓴 것으로 추측했다.

⬅ 우간다의 뮤탄다(Mutanda) 호수에서 수집된 보라색 수련 식물 표본. 1939년.

성모초

Lady's mantle · *Alchemilla vulgaris*

최근 들어 정원사들은 성모초가 예쁘긴 하지만 지면을 덮는 용도로만 사용하는 식물이라며 경시하는 경향이 있다.

과거 '성모초'는 훨씬 더 숭배의 대상이었다. 이 식물은 잎이 부채 형태의 주름진 '망토' 모양으로, 성모 마리아의 망토라고 불리며 헌정되었다. 아침이면 성모초는 다이아몬드 모양의 이슬이 맺힌다. 이런 모습에서 '이슬 잔'이라는 또 다른 별명이 붙었다. '물을 효과적으로 방수하는 성질'을 가진 잎 표면에 맺힌, 크리스탈처럼 투명하고 반짝이는 물은 모든 질병을 치료할 수 있는 성수로 여겨졌다. 특히 연금술사가 극찬하며 마법의 물약 재료로 즐겨 사용하였다. 또 그들은 성모초 잎에 맺히는 신비한 이슬로 중세와 르네상스 시대 유럽에서 탐구 대상이었던 '돌을 금으로 바꿀 수 있는' 신비한 '철학자의 돌'을 만들 수 있다고 믿었다. 이는 아랍어 단어인 '연금술'(alchemy)에서 성모초의 라틴어 이름(Alchemilla vulgaris)이 유래한 계기가 되었다.

성모초는 다년생 약초이며, 유럽, 서북아시아, 그린랜드를 포함하여 미국 동부 지역이 주요 서식지이다. 낮게 자라는 식물로 화려하고 선명한 초록색 꽃이 피며, 뿌리가 굵고 넓게 퍼져 가기 때문에 '사자의 발', '곰의 발'이라는 이름을 가지고 있다. 목초지에서 주로 자라며, 숲 가장자리 또는 생울타리에서도 자란다. 옅은 노란색을 띠는 초록색을 가지고 있어 염색업자에게 인기가 있다. 또 오딘의 아내 프레이야에서부터 성모 마리아에 이르기까지 다수의 여신이 지배하는 '여성의 허브'로 여겨진다.

컬페퍼는 성모초를 사랑과 미의 여신인 비너스의 꽃으로도 여겨, 종종 화장품을 만드는 데 사용하였다. 이 허브로 가득 채운 베개를 베고 자면 자는 동안 아름다워진다는 이야기도 전해지며, 미용 로션의 주요 재료로 성모초에 맺힌 이슬이 사용되었다.

잎에서 증류된 이슬은 강력한 수렴 작용으로 소염제 기능을 하여 모공을 수축하고, 여드름과 기미를 없애며, 염증이 생긴 눈을 가라앉히고, 지혈 작용을 하고, 구토를 멎게 하며 부상 부위에서 혈액이 유출되는 것을 막고, 멍을 완화하는 효과가 있다고 알려져 있다. 경구로 20일간 투약하면, 월경 주기를 조절하고 생리통을 완화하며 난자의 수정을 돕는 효과가 있다. 여전히 일부 약초학자는 월경으로 인한 과도한 출혈이 있는 경우, 성모초를 처방한다.

만약 여성이 '늘어진 가슴'으로 앓고 있다면, 컬페퍼는 성모초에서 채집한 이슬을 마시도록 권유했고 동시에 직접 이슬을 피부에 바르도록 권고했다. 또한 식물의 수축 기능이 자궁의 미끄러움을 감소시켜 불임을 치료할 수 있다는 소문도 있었다. 일부 경우에는 성모초를 섞은 혼합액를 마시면 결혼 첫날밤에 처녀이길 원하는 여성들의 생식기가 수축하는 효과를 볼 수 있다고 전해진다.

➡ '독일, 오스트리아 및 스위스의 식물상'에 나온 성모초. 1885년.

IV, 1. 105. Rosaceae.
5 Poterieae.
1
2
3
4
A
B
Frauenmantel.
410. Alchemilla vulgaris L.

사랑의 물약

Love potions

허브가 진실한 사랑을 찾거나 그들을 유혹하는 데 사용되지 않는다면, 도대체 무엇을 위해 사용될까? 허브는 주로 어린 소녀들 사이에서 미래의 남편을 점치는 데 사용되었다.

사랑의 주문과 물약에 관한 내용은 현대 마녀들의 약초 도감을 가득 채우고 있다. 하지만 사랑의 물약은 조제하기가 어렵고 복잡하다. 솔직하게 말하면 혐오스럽기까지 하다. 13세기의 주교 알베르투스 마그누스(Bishop Albertus Magnus)는 논리학부터 연금술까지 많은 주제의 책을 썼는데, 그가 16세기에 출간된 '알베르투스 마그누스의 비밀의 책'을 저술했다는 것은 알려져 있지 않다. 이 책에서는 일일초(Vinca), 하우스릭(Sempervivum) 및 '지렁이류'를 분쇄해 가루로 만들어 식사에 첨가하면 남편과 아내 사이에 사랑이 생긴다고 제안했다. 페르시아의 한 사랑의 물약에는 비둘기 육수에 정향, 월계수 씨앗, 엉겅퀴 그리고 푸른 칡(Thymelaea hirsuta)이 들어간다.

성경에서 솔로몬의 노래에는 맨드레이크가 사랑의 조력자로 여러 번 언급된다. 중세 시대 여성들은 사랑으로 고민하는 사람들에게 이 식물을 팔았다. 그러나 실망스럽게도, 실제로는 당시 구하기 어려웠던 맨드레이크 대신 조각된 순무인 경우가 빈번했다.

윌리엄 셰익스피어는 고향인 워릭셔(Warwickshire)주의 민속학이 극장 티켓 판매를 끌어올릴 수 있는 흥미 유발 포인트가 있다고 생각했다. 그의 작품 '한여름 밤의 꿈'에서 요정의 왕 오베론(Oberon)은 퍽(Puck)에게 티타니아(Titania) 여왕이 첫 번째로 마주치는 생물과 사랑에 빠지게 할 묘약을 가져오라고 지시한다. 서부 미들랜드(Midlands) 지역에서 '게으른 사랑'(Love-in-idleness)이라고 불렸던 삼색제비꽃(Viola tricolor)은 한때 흰색이었지만, 이제는 사랑의 상처가 있는 보라색이 되었다. 셰익스피어는 이 식물을 아주 좋아해서 주인공 중 한 명의 이름으로 붙이기도 했다. 그러나 그닥 감성적이지 않은 컬페퍼는 삼색제비꽃의 매력에 큰 감흥을 느끼지 못했다. 하지만 이 약초는 차갑고, 끈적거리고 미끈미끈하다고 묘사하면서도 성병 치료에 유용하다는 점을 간과하지는 않았다.

서던우드(Artemisia abrotanum)는 여러 이름이 있는데 '소년의 사랑', '나에게 빨리 키스해', '고상한 노인' 그리고 앞서 말한 이름과는 달리 '소녀의 파멸'이라는 이름도 가지고 있다. 사랑에 빠진 젊은 남자들은 단추 구멍에 작은 서던우드 가지를 꽂아두고, 여자들이 지나갈 때 눈에 확 띄게 '냄새를 맡는 척'을 했다. 여자들 중에 누군가가 이 이상한 행동을 알아차리고 도망치지 않는다면, 남자는 그녀에게 이 식물을 선물할 수 있었다. 그렇게 되면 다른 친구들의 축하 속에 두 사람은 첫 번째 데이트를 시작할 수 있었다.

빅토리아 시대 사람들은 꽃의 언어라는 복잡한 소통 방식으로 유명했다. 꽃의 언어를 사용해 꽃다발 속에 비밀 메시지를 전달했던 것이다. 꽃집에 서서 꽃 사전을 찾아보며 비밀 메시지를 전달하려는 사람들이 얼마나 많았는지 가늠되지 않지만, 지금도 여전히 어떤 종류이든 꽃을 선물하는 것은 사람들의 마음을 움직이는 데 꽤 좋은 방법이다.

사랑을 이루기 위해

쥐오줌풀(Valerian)을 맥주나 와인 한 잔에 넣고,

그것을 당신이 사랑받길 원하는 사람에게 주세요.

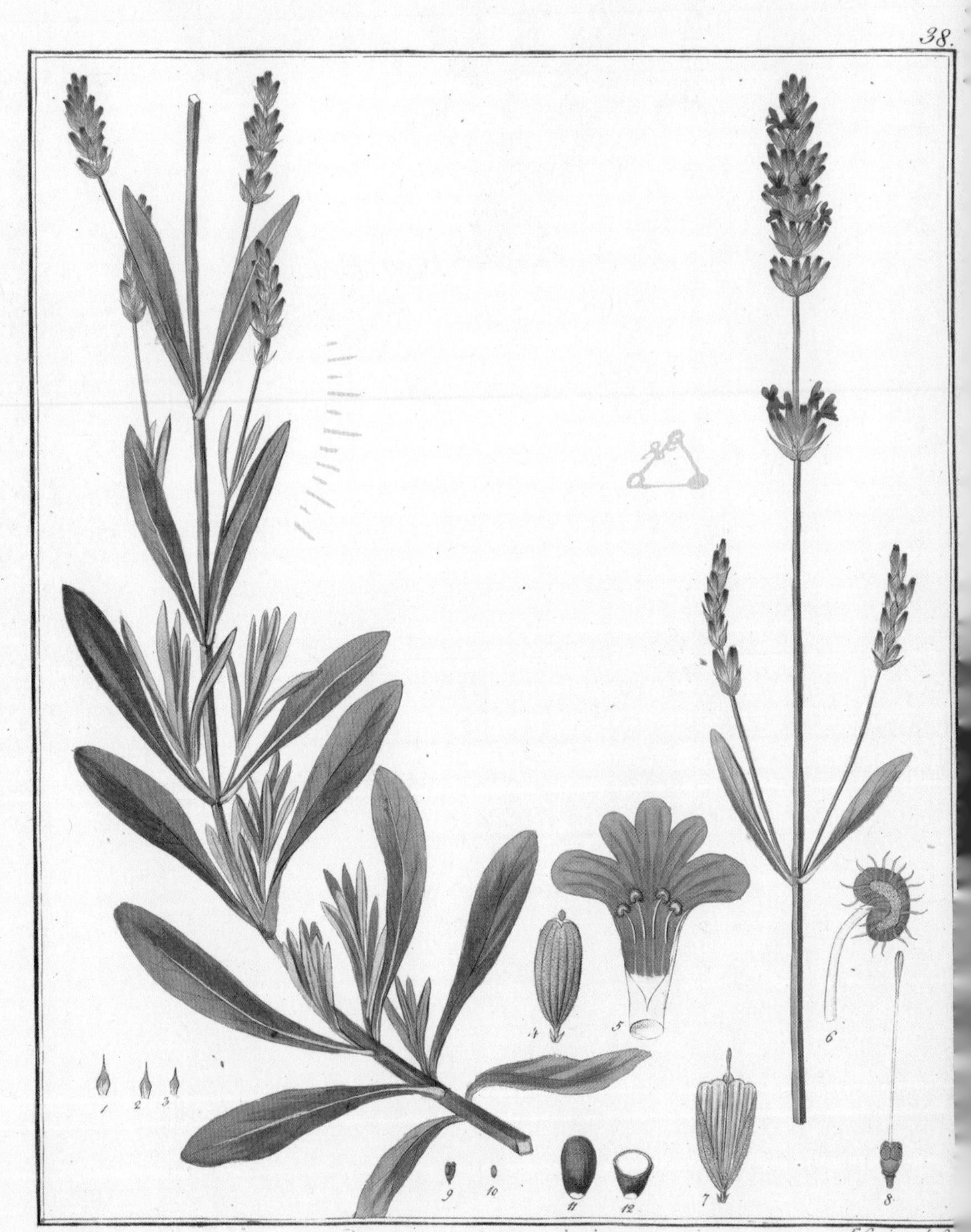

F. Guimpel. fec.

Lavandula latifolia.

라벤더

Lavender · *Lavandula*

라벤더는 우리가 가장 사랑하는 허브 중 하나로, 향기로우며 고대부터 청소용으로 사용된 소중한 약초였다. 라벤더라는 이름은 로마어로 라바레(lavare, 씻다)에서 유래했다.

이집트인들은 라벤더를 천천히 녹아내리며 향기를 발산하는 헤어 왁스를 만드는 데 사용하거나, 미라를 위한 향수로 사용하였다. 기독교 전설의 한 가지는(로즈메리와 동일) 성모 마리아가 가족의 옷을 빨아 라벤더 덤불에 말렸는데 이로 인해 꽃은 푸른색으로 물들었고, 천상의 향기까지 더해졌다는 이야기가 전해진다. 여전히 이 식물은 탈취제부터 바닥용 왁스에 이르기까지 모든 것에 사용된다.

라벤더는 가늘고 은색을 띄는 잎과 청보랏빛의 돌출된 꽃을 가진 관목으로, 호랑이와 사자를 쫓아낼 수 있는 힘이 강력하다고 알려졌다. 그 정도는 아니지만 우리는 언제나 해충을 쫓기 위해 이 식물을 사용하고 있다. 옛날 사람들은 라벤더 향기를 들이마시면 유령을 볼 수 있다고 믿었지만, 아이들을 악마의 눈으로부터 보호하는 부적으로 더 많이 사용되었다. 중세 시대에는 로맨스의 상징이었다. 여성들은 좋아하는 남자의 베개 밑에 라벤더를 두어 그들의 생각을 로맨스로 향하게 의도하곤 했다. 프랑스의 찰스 6세(Charles VI of France, 1380-1422)는 이런 이야기를 꽤 신뢰할 만하다고 생각해 라벤더로 그의 쿠션을 가득 채우기도 했다.

라벤더는 맛과 향이 강하기 때문에 부엌에서는 상대적으로 드물게 사용되었다. 하지만 때로는 설탕에 라벤더 향을 입히기도 했다. 예전에는 과일과 사탕을 라벤더 줄기에 꿰어 놓은 디저트가 있었지만, 아쉽게도 시간이 지나며 잊혀져 버렸다.

하지만 라벤더는 약초로써 자신만의 역할을 하게 되었다. 이 약초는 자극적인 동시에 수면을 유도하는, 상반되는 특성을 가지고 있었다. 라벤더는 모든 위대한 약초 책에 등장하며 역병을 막기 위해 꽃다발에 넣거나, 출산 중인 여성들에게 힘을 내게 하기 위해 위해 제공되었다. 윌리엄 터너는 '새로운 약초서'에서 모자 안에 말린 라벤더 꽃이 들어 있는 패드를 이어 붙인 후 매일 착용한다면, 머리를 식히고 뇌를 안정시키는 데 좋다고 조언했다.

라벤더는 추출 오일 형태로도 섭취할 수 있었다. 컬페퍼는 이 식물이 강하고 예리한 성질을 가지고 있기 때문에 사용할 때 주의가 필요하다고 했다. 단 몇 방울로도 복통, 심장 두근거림, 실신 및 막힌 간 또는 비장 통증을 완화시킬 수 있다.

1910년에 프랑스 화학자 르네-모리스 가테포세(René-Maurice Gattefossé)는 손에 화상을 입었는데 그 위에 바를 것을 찾다가 라벤더 오일을 사용했다. 상처가 흔적도 없이 낫는 것을 보고 제1차 세계 대전에서 군인을 치료할 때 라벤더 오일을 사용했다. 가테포세는 추후 아로마 오일의 치료 개념에 대해 더 깊이 연구했고 그로부터 아로마테라피가 탄생했다.

⬅ 독일 식물학자 프리드리히 고트로프 하이네(Friedrich Gottlob Hayne)에 의해 소개된 라벤더. 1822년.

사과

Apple · *Malus*

사과에 대한 민속 이야기 책에는 야생의 '크랩' 사과, 달콤한 '과일용' 사과, 산뜻한 '조리용' 사과, 그리고 신맛이 강한 '사이다' 사과 등이 포함되어 있다.

고대 그리스의 철학자이자 식물학자인 테오파라투스는 사과를 가장 문명화된 나무로 묘사하였다. 사과는 인간에 의해 성공적으로 수출되어 전 세계 어느 곳에서나 볼 수 있게 되었다.

사과에 대한 많은 이야기도 전해진다. 그리스 신화에서는 술의 신 디오니소스(Dionysus)가 사랑과 미의 여신 아프로디테(Aphrodite)에게 선물하기 위해 사과를 만들었다고 전해진다. 그리고 트로이의 파리스(Paris)가 황금사과를 아프로디테에게 준 것으로 유명하다. 북유럽 신화에서는 사기꾼 로키(Loki)가 젊음의 여신 이둔(Ithun)이 노화를 억제하기 위해 신들에게 주었던 사과를 훔쳤다고도 한다.

이 열매는 여전히 영생과 연관이 있다. 특히 사과주가 특산품인 지역에서 사과는 그 지역의 생명원이며, 가정의 건강은 사과나무의 건강과 직접적인 연관이 있다고 여겨졌다. 만약 크리스마스에 사과나무 가지 사이로 햇살이 비친다면, 이는 풍성한 수확을 기대해도 좋다는 뜻이었다. 이는 후에 '와세일링'(wassailing)이라는 행사로 더 크게 발전했는데, '와세일링'은 나무의 건강을 기원하면서 건배하는 것을 의미했다. '와세일링'은 크리스마스의 열두 번째 되는 날에 진행되었다. 일부 지역에서 '애플 하울링'(apple howling)이 진행되었는데, 이는 나무를 잠에서 깨우기 위해서 가능한 많은 소음을 내는 것을 일컫는 말이었다. 사람들은 나뭇가지에 총을 쏘고, 소리를 지르고, 호루라기를 불며 맥주를 마시고 케이크를 먹었다.

사과는 7월 15일, 성 스위딘의 날에 칭송받았다. 만약 그날 전에 이 열매를 먹으려 한다면 심하게 앓을 것이라고 믿었다. 이른 시기에 꽃을 피운 사과나무 또는 첫 서리 이후에도 남은 하나의 사과는 죽음을 예고하는 것으로 여겨졌지만, 일부 연인들은 어린 사과에 그들의 이니셜을 새겨 넣으면 사과와 함께 그들의 애정도 자라날 것이라고 믿었다. 사과 과수원은 최고령 나무에 살고 있는 게으른 로렌스(Lazy Laurence) 또는 오드 고기(Awd Goggie)라고 불리는 숲의 정령에 의해 보호받는다고 전해졌다. 이 정령은 영국의 서머싯(Somerset) 지방에서는 '사과나무 남자'라고 불린다.

핼러윈은 사과 점(占)을 치는 시기였다. 사과의 껍질을 벗기고 어깨 뒤로 던지면, 그 껍질이 미래 남편의 이니셜 모양을 띤다고 믿었다. 또한 알파벳의 각 글자를 소리 내 읽으면서 줄기를 비틀면, 부러진 순간의 글자가 '그'의 이름 첫 글자가 될 것이라 믿었다. 씨앗을 불에 던지면 당신의 사랑이 진실된지 미리 알 수 있었다. 만약 씨앗이 톡 하고 터지면, 그와의 관계도 마찬가지로 활기차고 재미있을 것이다.

사과는 전통적으로 건강의 과일이다. 사마귀를 치료하고, 치아를 깨끗하게 하며 변비를 완화하고 얼굴을 아름답게 만드는 데 사용되었다. 썩은 사과는 동상 치료에 사용되었다. 또 천연두를 앓고 있는 사람의 방에 이 과일을 놓으면 병이 옮겨 간다고 믿었다. 사과가 시들면 환자의 증상도 약화되는 것이다. 지금도 사과 식초는 꿀과 레몬과 함께 감기에 쓰이고 있다.

독일 정원가인 요한 헤르만 크놉(Johann Hermann Knoop)의 저서 '사과와 배의 최고 품종에 대한 사과학적 설명'에 나온 호손덴 사과(Hawthornden apple). 1758년.

The Wild Flora of Kew Gardens
Name: Digitalis purpurea L.
Vern. name: Foxglove
Location: West Arboretum: amongst shrubs in the southern part of the Rhododendron Dell (zone 228)
Notes:

여우장갑

Foxglove · *Digitalis purpurea*

'도깨비의 손가락 방울', '요정의 잡초', '스녹섬스'(snoxums), '스놈퍼스'(snompers), '요정의 치마' 이는 여우장갑의 지역적 별칭으로 가장 상상력이 풍부한 별명들 중 일부이다.

햇빛이 숲속 들판에서 여우장갑 꽃을 보랏빛으로 비출 때 세상은 안도의 한숨을 내쉬는데, 이는 여름이 찾아왔다는 것을 의미한다. 여우장갑은 똑똑한 식물인데, 줄기 아래쪽에 있는 암꽃술에는 가장 많은 꿀이 있어 벌들은 그곳을 먼저 방문하고, 그 다음은 줄기를 따라 올라가면서 수꽃술에 수분하도록 유인한다. 옛날에는 통통한 꽃봉오리가 아이들에 의해 '터뜨려'지기도 했다. (여기에서 '팝 독스'(pop docks)라는 이름을 얻었다) 그리고 여우장갑 꽃의 종소리를 들으면 죽음이 임박했다고 믿었다. 스코틀랜드에서는 이 식물을 '죽은 사람의 종'이라고 부르기도 했다. 아마도 여우들에게는 그 소리가 사냥꾼의 도착을 경고한다고 믿었기 때문이다. 중세 민담에는 요정들이 닭 우리를 털어 먹으려는 여우의 발소리를 없애기 위해 여우장갑 꽃을 주는 이야기가 전해진다.

특히 집 안에 흰 여우장갑 꽃을 들이는 것은 불운으로 여겼다. 마녀가 따라온다고 믿었기 때문이다. 그러나 전설에 따르면, 요정이 진짜 아이를 납치한 뒤 남겨 둔 '가짜 아이'를 식별하는 데는 이 식물이 다소 위험하지만 유용하게 사용되었다. 부모는 아이에게 여우장갑 주스 세 방울을 주고 아이를 삽에 올려서 문밖으로 세 번 흔들고는 '당신이 요정이라면, 가라!'라고 외치고는 밖으로 아이를 던지는 방법이었다. 만약 가짜 아이였다면 죽었을 것이고 진짜 인간의 아이였다 하더라도 아이는 평생에 걸쳐 정신적으로 고통받거나 적어도 병에 걸릴 것이다.

여우장갑은 강심배당체(cardiac glycosides)를 포함한 독성을 가지고 있었는데, 이는 심박수를 증가시킨다. 이로 인해 구토, 두통, 설사, 시각, 심장 및 신장의 문제가 일어날 수 있었다. 그럼에도 불구하고, 잎은 상처를 감싸는 데 유용하게 사용되었고, 아이의 신발에 넣으면 홍역 예방 효과가 있다고 전해졌다.

강심배당체 성분은 치명적일 수 있는 반면, 다른 약물로 개발되기도 했다. 여우장갑이 심장을 자극하는 효과가 있다는 것을 이집트인들은 알고 있었을 가능성이 있다. 1775년에 윌리엄 위더링(William Withering) 박사는 부종 치료법을 찾기 위해 이 식물을 사용하는 체계적인 시도를 했다. 그 결과를 집필한 '여우장갑과 그 일부 의료 용도에 대한 이야기'는 특정 심장 질환의 치료에 있어서 판도를 뒤집는 역할을 했다. 영국 서부에 위치한 에지베스턴(Edgbaston)의 성 바돌로매(St Bartholomew) 교회 묘지에 있는 그의 묘비에는 여우장갑이 새겨져 있기도 하다.

⬅ 큐 왕립 식물원에 수집된 여우장갑 식물 표본 시트. 2009년.

7장

식물과 천체

고대 점성술은 별과 행성을 신으로 여기며 천체의 초자연적인 힘을 믿었다. 이집트인과 바빌로니아인은 하늘을 북반구 6개, 남반구 6개로 나누어 12개 부분으로 구분했는데 이는 오늘날 우리가 알고 있는 열두 별자리와 유사하다. 별은 높은 위치에 있는 고귀한 황제부터 낮은 땅에 있는 흔한 마리골드까지 모든 것을 지배했다.

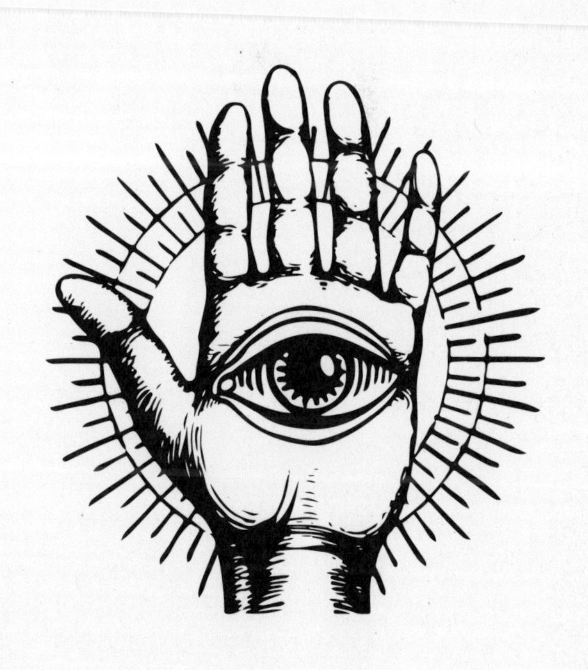

태양(Sol), 달(Luna), 목성(Jupiter), 금성(Venus), 토성(Saturn), 화성(Mars), 수성(Mercury) 일곱 가지 행성은 각각의 이름을 지닌 신들의 지배를 받는다고 한다. 이 행성들을 통해서 신은 하늘과 땅을 지배한다고 전해졌다.

사람들은 국가와 전쟁을 하늘이 결정한다고 생각했기 때문에, 인간의 운명 또한 별에 의해 결정된다고 믿기 시작했다. 만약 인간이 점성술의 영향을 받는다면, 동물, 식물 또는 광물과 같은 모든 것도 같은 규칙이 적용될까? 플리니우스는 다른 문명들도 하늘에 의해 통치를 받는다고 말한 바 있다. 그는 영국 켈트 문화의 성직자들인 드루이드(Druids)의 의식을 예로 들면서, 달의 여섯 번째 날에 자연의 에너지와 종교적 신앙을 결합한다는 의미로 겨우살이(mistletoe)를 수집했던 것을 언급했다. 천문학과 점성술은(당시에는 분리된 학문으로 간주하지 않았다) 아랍 국가에서는 훨씬 깊숙이 파고들어 있었고, 그들 연구의 다수는 서구에서 사용하기 위해 라틴어로 번역되었다.

17세기 점성술은 더 '과학적'인 성격을 띠게 되었고, 천체가 몸에 영향을 미치는 '논리적' 이유를 제시하기 시작했다. 천문학자들은 망원경을 통해 기상학적 변동을 관찰하고, 이런 변동 사항이 지구의 식물과 생물에 영향을 미친다고 생각했다. 이런 변동은 일식 또는 행성이 다른 행성을 가로지르는 것 같이 규모가 클 수도 있고, 아무도 볼 수 없을 정도로 사소한 것일 수도 있지만 이 모든 현상은 영향력이 있었다. 의사 리처드 미드(Richard Mead, 1673-1754)는 달의 중력이 강 및 해양의 조수에 영향을 미치는 것처럼 인체의 체액에도 영향을 미친다고 생각했다. 이런 생각은 고대의 '광증'에 대한 근거가 되었다.

식물 천문학은 각 식물이 특정 천체의 영향을 받아 자란다는 믿음이었다. 15세기 스위스 작가 파라켈수스(Paracelsus, 대략 1493-1541)는 한 발 더 나아가 각 식물을 천체가 반영된 지구상의 별로 생각했다. 중세 민간의학은 각 식물을 지배하는 행성이 하늘에 보이는 시기에 근거하여 수확해야 그 약초가 가장 효험이 좋을 때일 것이라고 규정했다.

개별적인 신체 부위 또한 별의 영향을 받았다. 예를 들어, 금성은 신장과 소화 시스템을 지배한다고 여겨졌고 토성은 뼈, 혈관, 뼈대를 통치한다고 여겨졌다. 난소는 당연히 달의 영역이었다.

니콜라스 컬페퍼는 각 질병이 행성의 움직임에 의해 발생한다는 철학을 받아들였다. 이 개념의 시작은 고대 그리스로 거슬러 올라가는데, 이에 따른 두 가지 치료법이 있었다. 하나는 행성과 같은 성질의 약초를 사용하는 것이었고, 둘째는 행성과 반대 성질의 약초를 사용하는 것이었다. 물론, 후자의 방법이 훨씬 더 복잡했다. 환자가 몸에 이상을 느끼는 증상이 발현된 정확한 날짜와 시간이 중요했는데, 의사들은 질병 자체에 대한 천문학적 차트 또는 질병의 진행 및 예후를 시간으로 기록한 '디컴비처'(decumbiture 라틴어로 '눕거나 쓰러지다'의 의미인 'decumbo'에서 파생된 용어)를 작성해야만 어떤 약초가 효과적일지 확신을 얻을 수 있었다.

➡ 해바라기(Helianthus), 라틴어로 헬리오스(Helios)는 태양의 신을 가리킨다. 1867년.

컬페퍼는 독자들이 질병을 스스로 진단할 수 있도록 하기 위해 '영국인 의사'라는 베스트셀러와 함께 '질병의 천문학적 판단'이라는 책을 썼다. 하지만 컬페퍼는 매우 젊은 나이인 37세에 사망했기에 이 도서는 그가 사망한 이후 출판되었다. 안타깝게도 그의 생각은 일반적으로 인정받지는 못했다. 그의 오랜 적수인 영국 의사 협회는 그에게 특히 비판적이었으며, 이런 의사 협회의 시각은 수년간 일반인들의 의견에도 상당 부분 영향을 끼쳤다.

그리스인과 로마인들은 낮의 신인 솔과 밤의 여신인 루나에게 제물을 바쳤으며, 식물의 수액이 달의 영향을 받아 늘어나고 줄어든다고 생각했다. 여전히 논쟁이 있지만, 국제 우주 정거장에서의 실험 결과는 달의 중력이 식물에 영향을 미칠 수 있다는 사실을 뒷받침한다. 달의 변화와 식물 심는 시기 사이에 인과 관계가 있는지에 대한 증거는 여전히 없지만 많은 과학자들은 이 사실에 대해 열린 입장을 취하고 있다. 태양은 뜨겁고 남성적으로 여겨졌으며, 그의 꽃들은 크고 화려하고 밝은 황금빛이다. 민들레, 마리골드, 해바라기 등이 태양의 꽃이다. 태양의 약초는 힘과 심장, 체액과 관련이 있었다.

하지가 오기 전, 태양은 가장 뜨겁고 식물들은 무서운 속도로 자랐다. 하지가 지난 뒤에는 햇빛의 세기가 약해지며 달의 영향이 커졌다. 이는 일상적인 작은 리듬에서도 나타났다. 식물의 수액은 아침에 상승하여 정오에 정점에 도달하며, 오후에 약해지고 밤에는 더 떨어졌다.

'교회의 등불'로 알려진 달빛은 낮에는 다른 작업장에서 일하던 노동자들이 일이 끝난 뒤 자신의 땅에서 작업할 수 있는 유일한 시간을 벌어 주었다. 월의 주기는 대략 29일이며, 달의 크기 변화에 맞춰 다른 작업을 해야 했다. 4월의 달은 전통적으로 1월에 심은 씨앗을 발아하는 시기로, 서리가 이미 단단한 흙을 부서뜨렸을 때였다. 5월에 뜨는 달은 식물을 야외로 옮겨심기에 적합했다. 수확달(춘분에 가까운 시기의 보름달)은 달빛이 매우 밝아 밤에도 노동자들이 작물을 수확할 수 있었다. 12월에 뜨는 달은 과수나무를 다듬는 시기였다.

달은 추위와 관련이 있었다. 달의 은색 빛은 맑은 하늘에서 잘 보이며, 비슷하게 은빛으로 빛나는 서리를 가져왔다. 달은 흔히 여성적으로 비유되는데 여성의 월경 주기와 출산에 영향을 미친다고 알려졌다. 밤에 피는 꽃은 어떤 꽃이든 신비롭게 느껴졌는데 흰색 꽃은 더욱 그러했다. 향기로운 야래향(Cestrum nocturnum) 또는 은빛의 잎을 가진 신비로운 쑥과 같은 식물들이 특히 경이롭게 여겨졌다.

달 변화의 정확한 시기는 달력식 연감을 사용해서 계산하였다. 가장 유명한 연감은 찰스 2세의 궁정 천문학자로 활동한 프란시스 무어(Francis Moore)가 1697년 출간한 것이다. 처음에 무어는 날씨 예보만 포함했지만, 3년 뒤에 출간한 '별들의 목소리'라는 연감에는 점성술적 예측을 포함하여, 이것이 훨씬 더 인기를 끌었다.

➡ 15세기 요크의 이발사 겸 외과 의사 협회의 서적에 나와 있는 움직이는 황도 차트. 1475년-1499년.

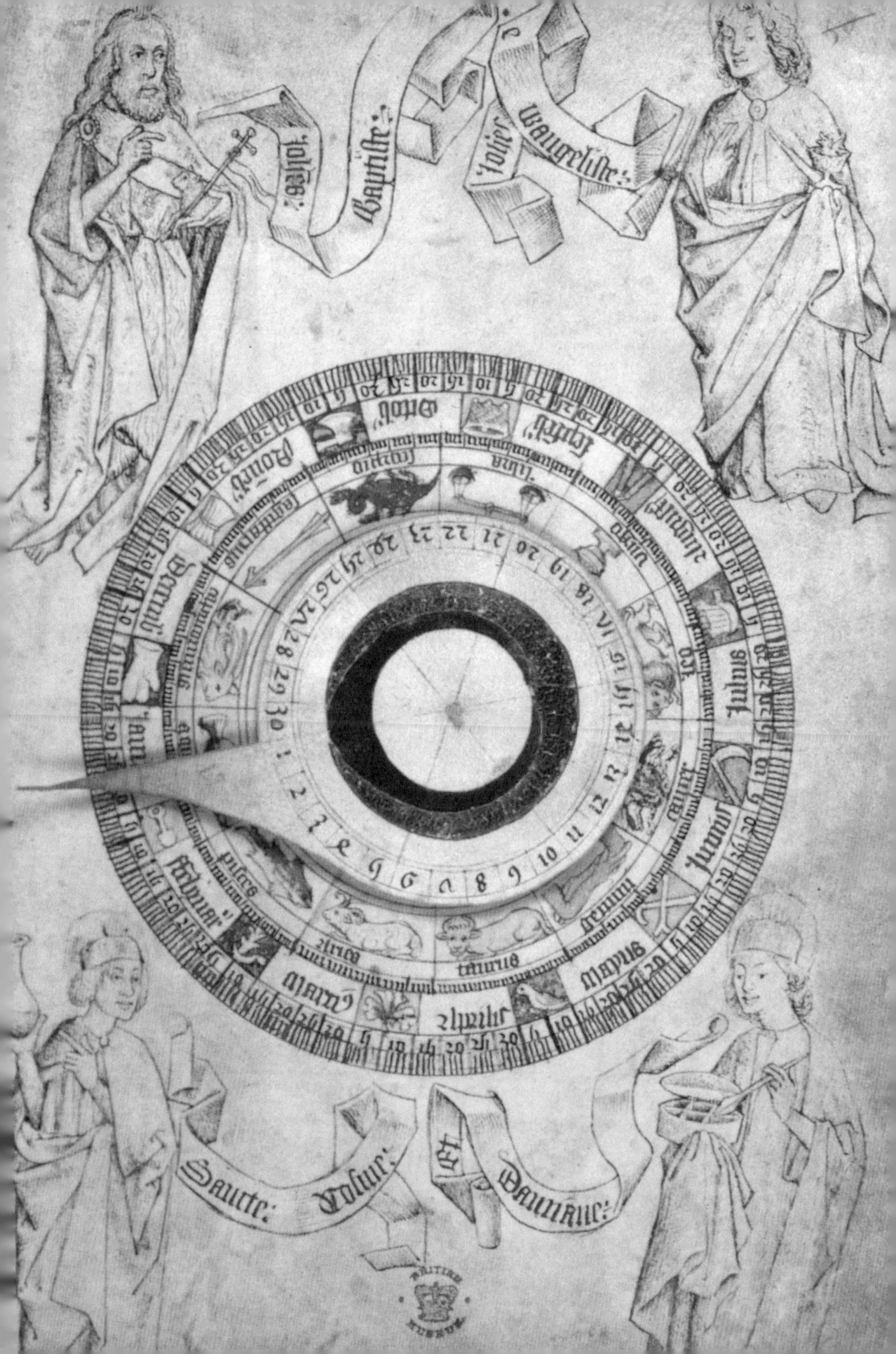

Julius
Mayus
BRITISH MUSEUM

320년이 넘은 지금 '올드 무어의 연감'이라는 제목으로 알려져 있는 이 연감은 여전히 영국의 신문 판매점에서 쉽게 구할 수 있다. 이 책으로 세계에서 일어난 주요 사건이나 스포츠 경기의 결과 혹은 유명인들의 결혼 등을 예측하였다. 또 달의 변화와 해수면 표까지 나와 있어 어부와 정원사에게도 유용하다. 최초의 미국 연감인, '뉴 잉글랜드 지역을 위한 연례 연감'은 1639년에 발간되었다. 이후 1723년, 벤저민 프랭클린(Benjamin Franklin)이 리처드 손더스(Richard Saunders)라는 가명으로 '가난한 리처드의 연감'을 만들기 시작하는 등 많은 모방작들이 생겨났다.

별을 기준으로 정원을 가꾸는 일은 오랜 관행(그리스인들은 '일곱 자매 별자리'가 뜨면 잡초를 뽑는 좋은 시기로 보았다)이었다. 그러나 세월을 거치면서 천체 관측을 통한 정원 가꾸기는 진화하였다. 1563년에 출간된 토마스 힐(Thomas Hyll)의 '유익한 가드닝의 기술'에서 그는 정원사들에게 '별빛'은 어린 씨앗을 살게 하거나 파괴할 수 있는 힘을 가졌으니 별들을 존중하라고 권유했다. 비교적 최근까지도 북극성이 뜨면, 파슬리를 심기에 좋은 시기가 왔다고 여겨졌다.(실제로 파슬리를 심는 좋은 시기가 있는지 여부는 56페이지를 참고) 지금도 수백만 파운드 규모의 와인 사업에서 생태학적 개념과 영적 개념을 결합한 유기농 방식으로 달의 모양 변화를 활용하는 바이오다이내믹 농업은 엄청난 인기를 끌고 있다. 이처럼 별들과 함께 하는 정원 가꾸기는 그 자체로도 자연의 순환성을 따르고 있다.

➡ 16세기 목판화는 신체의 각 부분이 각기 다른 별자리에 의해 지배받는 것을 시각적으로 보여 준다.

➡➡ 니콜라우스 자퀸(Nikolaus Jacquin)의 '쇤브룬 제국 정원에서 발견된 희귀한 식물들에 대한 기술과 그림'이라는 책에 나와 있는 야래향. 1797년-1804년.

Cestrum suberosum.

마리골드

Marigold · *Calendula officinalis*

마리골드는 고전적인 향미용 허브로, 수세기 동안 염료 및 의학적인 용도로도 사용되었다.

마리골드의 이름은 로마인이 지었으며, '작은 달력'을 의미하는 라틴어 'calendae'에서 유래되었다. 그 이유는 이 허브가 한 달의 첫 번째 날에 꽃을 피운다고 전해졌기 때문이다. 마리골드 꽃은 규칙적으로 피어나서 웨일스에서는 아침 7시 이전에 꽃이 피지 않으면, 그날은 뭔가 정상적이지 않다고 생각해 곧 천둥이 칠 것이라 믿었다고 한다.

마리골드는 중세 이후 주로 마을 정원에서 재배되어 왔으며, 정원에서 도망 나온 후에도 여전히 주거 지역 주변에 야생으로 자라났다. 이 식물은 태양을 따라 꽃이 움직이는 특성 때문에 '해'의 약초로 알려졌으며, '농부의 태양 시계' 그리고 '여름의 신부'로 알려졌다. 또 예로부터 태양의 지배를 받고, 불의 원소로 여겨졌다.

마리골드는 또한 한결같은 사랑을 나타낸다. 이 꽃은 점술에 사용되며 쓴쑥, 마조람, 백리향(Thymus)을 꿀과 식초의 혼합물에 끓여 놓은 뒤 다양한 주문과 함께 피부에 바르면 미래 남편에 대한 꿈을 꿀 수 있다. 만약 꿈에 나온 남자와 결혼할 경우, 결혼식 때 신부의 부케에 이 꽃을 넣으면 사랑을 유지할 수 있다는 이야기가 전해졌다.

마리골드의 '황금'색은 신화 속(신화에 따르면 꽃은 한때 공주였는데, 그녀의 아버지 미다스 왕이 실수로 그녀를 만져 꽃으로 변하게 만들었다) 그리고 먼 과거에서(프랑스에서는 원형의 황금색 꽃은 불어로 '왼팔 방패'(gauche-fer)로 알려졌으며, 이는 중세 기사들이 왼팔에 착용한 작은 철 방패를 의미한다) 찾을 수 있다. 윌리엄 터너는 '새로운 약초서'에서 이 식물의 꽃가루를 이용해서 머리카락을 노랗게 염색한 사람들도 있었다며 다소 무시하듯 말했다. 이는 사람들이 하느님이 주신 자연스러운 머리 색에 만족하지 않고, 머리카락을 인위적으로 노랗게 염색한 사실을 조롱한 것이다. 또 정원에서 마리골드는 작물을 해충으로부터 지켜 주는 방충 식물이었으며, 샐러드와 스튜에 색을 더하는 데에도 사용되었다.

꽃의 가장 중요한 용도는 의약품으로 사용될 때였다. 꽃 머리를 벌에 물린 자리에 문지르면 붓기가 빠졌다. 또한 궤양과 창상, 열 심지어 전염병 치료에도 효과가 있었다. 마리골드가 용해된 식초를 잇몸에 바르면 치통을 치료할 수 있었고, 마리골드 차는 홍역을 치료하는 데 사용되었다. 영국의 저술가 한나 울리(Hannah Woolley)가 1675년에 출간한 '귀부인의 동반자'에서 이 허브로 잼을 만들어 우울증을 치료하는 데 사용하도록 제안했다. 오늘날에는 마리골드 꽃잎으로 만든 칼렌둘라 크림이 피부 염증을 줄이고 건조하고 갈라진 피부에 영양을 공급하기 위해 널리 사용되고 있다.

➡ 쾰러의 '약용식물도감'에 수록된 마리골드. 1897년.

ompositae
(Calenduleae)

Calendula officinalis L.

The Wild Flora of Kew Gardens

Name: *Lunaria annua* L.

Vern. name: Honesty

루나리아

Honesty · *Lunaria annua*

루나리아는 단어 그대로 '달'과 관련이 있다. 밤에 피는 꽃이 아니지만, 은빛으로 빛나는 종자포는 달 아래에서 빛을 발한다.

루나리아는 발칸과 서남아시아가 원산지이며 '달꽃' 또는 '할머니 안경'으로 불리고 5월과 6월이 되면 거의 1미터까지 자라는 흰색 또는 보라색의 아름다운 뾰족한 꽃을 가지고 있다. 루나리아는 '양쪽 주머니 돈', '준비된 돈', '실링' 및 '은 페니'로 불리기도 하는데, 이 이름들은 모두 독특한 형태의 꼬투리와 관련이 있다. 특히 미국에서 '은색 달러'로 불리며 프랑스에서는 '교황의 돈'으로 불리기도 한다. 그래서 많은 사람들은 주머니에 이 꽃을 한 줄기 넣으면 행운과 부를 부른다고 생각했다. 채널 제도에서는 모든 신부가 결혼 생활의 행운과 행복을 기원하며 신혼집에 루나리아 가지를 걸어두었다. 물론 민담은 상반된 의미를 가지고 있을 때가 많다. 어떤 문화권에선 이 꽃이 불운을 가져온다고 생각해 정원은 물론 집 안에도 결코 들이지 않았다.

이 식물은 내부가 보이는 세 겹으로 된 반투명한 꼬투리로 인해 '정직함'(Honesty)이라고도 불린다. 하지만 '악마의 페니'와 덴마크어로 '유다의 돈'이라는 어두운 이름도 가지고 있다. 루나리아는 가지고 있는 사람에게 부를 가지고 오지만, 그것은 때로 부당하게 얻은 더러운 돈일 수도 있다. 때문에 경멸받는 '도둑 식물' 중 하나로 악마와 악령을 물리칠 수 있었는데, 이는 루나리아가 그들의 일원이었기 때문이다.

그럼에도 불구하고, 여전히 루나리아는 인기가 높았다. 이 식물은 겨자과의 한 종류로, 씨앗은 가끔 겨자의 대체물로 사용되곤 하였다. 미국 식민지 시대의 정원에서는 뿌리를 사용하기 위해 재배했다. 존 제라드는 '볼바낙'(Bolbanac) 또는 '하얀 새틴'(White satin)이라고 부르며, "씨앗은 매운맛이고, 씁쓸하며 자극적인 맛이 난다."라고 평했다. 또한 뿌리는 "약간 자극적이지만 그리 크지 않으며, 다른 뿌리들과 마찬가지로 샐러드와 함께 먹을 만하다."라고 언급했다. 그리고 잎은 상처에 유용한 연고를 만들 수 있다고 생각했으며 '발작성 질병'(간질)에 좋다는 이야기를 들은 적이 있다고 말했다.

루나리아는 2년생이며 정원에서 한번 재배되면 기쁘게 스스로 씨앗을 뿌리지만 급속도로 퍼지지는 않는다. 단지 아름다운 유령처럼, 부드러운 저녁 빛에 빛날 뿐이다.

⬅ 큐 왕립 식물원에 수집된 루나리아의 식물 표본 시트. 2009년.

8장

식품 저장고의 비밀

다른 용도의 공간과 달리 식품 저장고는 서늘하고 건조하며 평소에는 잠겨 있어 오직 여인들 또는 신뢰받는 하인만 출입이 허락되었다. 그래서 값진 물건은 물론, 술, 조림, 커피, 차, 초콜릿, 향료 등과 같은 진귀한 음료뿐만 아니라 가정의 비상약 또한 보관된 장소였다.

식품 저장고는 유럽 전역에서 발견되었는데 창고, 부엌, 실험실의 역할을 하였다. 초기 미국 정착민들도 식품 저장고를 비슷한 개념으로 비누와 치료 연고, 시럽 및 팅크를 제조하기 위한 공간으로 활용하였다.

중세의 식품 저장고는 신비한 자연 철학자인 연금술사들의 연구실과 몇 가지 유사한 점이 있었다. 연금술사들은 기초 물질을 순수한 귀금속으로 정제하는 것을 연구 목표로 삼았다. 공기 속에서 금을 만들어내는 이 비현실적인 방법인 '증식'은 1404년 영국에서 헨리 4세(King Henry IV)가 법으로 금지했고 1689년이 되어서야 완전히 철폐되었다. 하지만 법으로 금지되었음에도 금을 만들려는 사람들의 시도는 멈추지 않았다. 전형적인 연금술 실험실은 화로, 분쇄기 그리고 이상한 물질을 증류하는 유리관 등이 갖춰져 있었을 것이다. 반면 일반적인(그리고 합법적인) 가정집의 식품 저장고에는 난로, 막자, 절구, 냄비와 프라이팬이 있었다. 연금술은 불멸의 묘약과 어떤 병도 치료할 수 있는 만병통치 효과를 가지고 있는 돌인 '철학자의 돌'을 발명하고자 했다. 하지만 식품 저장고에 드나드는 대부분의 여성들은 금이니 철학자의 돌 따위니 하는 비현실적인 것 보다는, 오로지 가족들의 건강을 유지하기 위해서 열심히 노력할 따름이었다.

이곳에서 허브는 에센셜 오일로 증류되어 나중에 팅크제, 상처에 바르는 연고, 청소용 세제, 벌레 퇴치제, 향료, 음료용 강장제에 첨가되었다. 이러한 방법은 어머니에게서 딸로 전해지거나 때로는 손으로 적은 '레시피 북'으로 이어졌다. 16세기에 와서는 가사 지침서나 허브에 관한 도서 출판이 성장세였다. 1585년에 영국의 작가 토마스 도슨(Thomas Dawson)이 지은 '훌륭한 가정주부의 보석'은 다양한 질병에 대한 승인된 치료법이 포함되어 있었고, 더불어 팬케이크나 샐러드, 푸딩 레시피도 담겨 있었다. 당시 일반인이 책에 기록된 모든 재료를 쉽게 구할 수 있었던 것은 아니다. 예를 들어 한 레시피에는 수컷 참새 서너 마리의 뇌가 요구되는 등 용기가 필요했다. 그럼에도 불구하고 대부분의 기본 재료는 시골 주변에서 빠르게 찾을 수 있거나 이미 부엌 정원에서 자라고 있는 것들이었다.

허브는 특별히 정해진 규칙에 따라 수확되었다. 종종 그날의 시간, 달의 모양 그리고 일반적으로는 날씨에 따라 정해졌으며 보통 건조한 날에 따는 것이 좋다. 뿌리가 완전히 성장하기 직전이 가장 즙이 잘 나왔으며, 잎과 줄기는 꽃 피기 직전이 가장 신선한 상태로 여겨졌다. 만약에 저장을 해야 한다면 색깔과 에센셜 오일을 보존하기 위해 다발로 만들어 거꾸로 매달았으며, 환기가 잘 되는 어두운 곳에서 건조했다. 완전히 마른 후에는 마개가 있는 병에 담아 빛이 없는 곳에 저장하였다. 전문 약제상들은 건조하는 헛간을 따로 보유하고 있었으나, 대부분은 어두운 식품 저장고의 한쪽 코너면 충분했다.

정원 식물들과 이국적인 향신료 같은 몇 가지 귀한 재료들로는 차, 음료, 연고, 라벤더와 해당화 꽃잎으로 만든 향기 주머니 그리고 세탁용 공 등을 만들었다. 이러한 제품들은 거의가 좋은 향을 냈다. 또 달콤한 향이 나는 허브 물은 쓰임새가 많았다. 뿌려서 향을 낼 때 쓸 수도 있고, 약물 또는 의약품, 향수, 향미료 그리고 식사 전후 손을 씻을 때에도 사용되었다. 부유한 사람들은 올리브오일로 만든 카스틸 비누를 사용했지만 일반적인 사람들은 비누를 직접 만들어 사용했다.

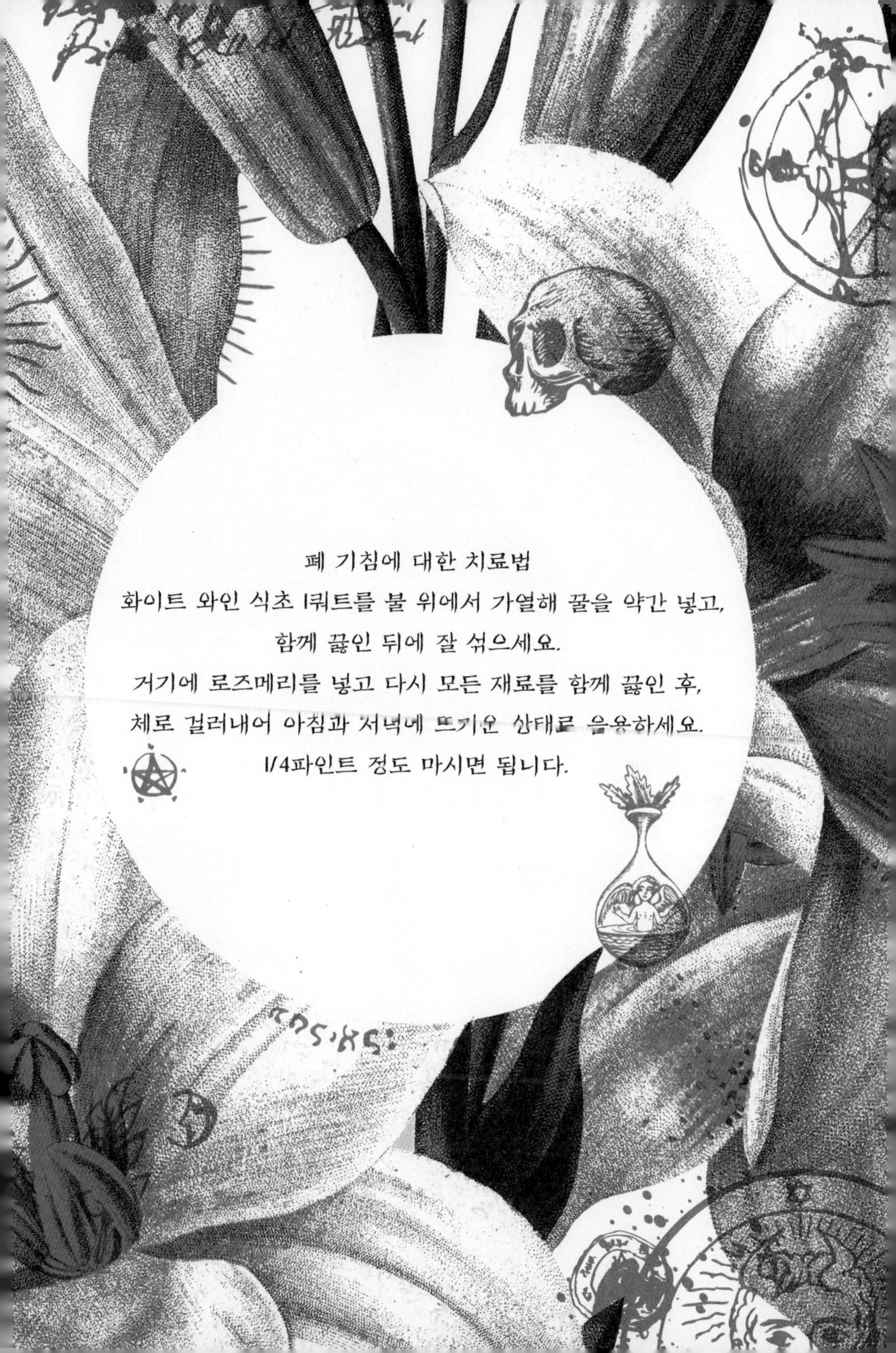

폐 기침에 대한 치료법

화이트 와인 식초 1쿼트를 불 위에서 가열해 꿀을 약간 넣고,
함께 끓인 뒤에 잘 섞으세요.
거기에 로즈메리를 넣고 다시 모든 재료를 함께 끓인 후,
체로 걸러내어 아침과 저녁에 뜨거운 상태로 음용하세요.
1/4파인트 정도 마시면 됩니다.

CITRUS MEDICA, LIMON — *Limone di giardino*

Pianta legnosa e quasi arborea perenne e di foglia sempre verde — Ama la terra forte ben concimata mista di terriccio vegetabile e vinacce ben macerate insieme — Si coltiva in vasi che in inverno si ripongono; a spalliere, o a boschetti che in inverno si cuoprono — Fiorisce quasi tutto l'anno ma specialmente in Marzo ed in Agosto; e matura i frutti un anno dopo nel mese di Maggio e Settembre — I frutti sono odorosi e contengono molto Agro.

수산화 나트륨 비누 이후에 보다 더 달콤한 향을 내는 모든 것이 환영받았다. 마조람, 백리향, 카네이션, 양담쟁이, 자스민과 같은 허브들은 집 주변에서 재배되어 그 향이 열린 창문으로 자연스럽게 집 안으로 들어오게 했다. 향기를 맡는 것만으로도 건강해지고 정화되는 기분을 느낄 수 있었기 때문이다. 말린 꽃잎을 넣은 작은 주머니는 뇌를 식히고 우울감을 덜어 주는 효과가 있었고, 카스틸 비누에 더해져서 더 사랑스러운 향이 나게 만들기도 했다.

화장품 또한 식품 저장고에서 만들어졌다. 5월의 아침 이슬을 스펀지로 모은 후 짜서 햇빛에 소독 후 사용하면 훌륭한 화장품이었다. 특히 밤에 비가 온 뒤 회향 잎이나 아네모네(Anemonoides nemorosa) 잎에서 모은 이슬은 눈이 아플 때 사용하면 좋았다. 야생딸기 잎, 양지꽃(Potentilla reptans), 쑥국화(Tanacetum vulgare), 질경이(Plantago)는 우유에 첨가하여 크림과 같은 농도로 만들어 한 해 동안 보관한 후 얼굴 로션으로 사용하였다. 주근깨를 옅게 하는 데에는 증류된 딱총나무 잎이 사용되었다.

식품 저장고에서 제조된 제조물은 주인, 하인 그리고 동물까지 모든 가족의 건강을 유지하는 데 도움을 주었다. 향료를 넣은 포도주와 같은 와인류는 다양한 질병으로부터 사람들을 건강하게 보호한다고 알려졌다.

우유나 크림 기반의 알코올 음료인 '포셋'(Possets)은 와인, 달걀, 설탕 그리고 향신료를 더해 만들며 몸이 아프거나 나이 든 가난한 사람들에게 제공되었다. 이 커스터드 요리를 만드는 과정에는 많은 정성이 들어갔는데 전통적으로 높은 위치에서 부어서 제일 윗부분에 거품이 생기게 하였다. 환자들은 윗부분의 크리미한 '은총'을 스푼으로 떠먹었고, 그 후 밑에 깔린 반고체 형태의 커스터드를 떠먹었다. 만약 제대로 된 포셋 컵으로 이 음료를 마셨다면, 마지막에 알코올 함유량이 높은 음료 베이스까지 먹을 수 있었을 것이다. 포셋 컵에는 숟가락이 내장되어 있어, 잘못 뒤집으면 숟가락이 떨어져 눈 부상으로 이어질 수도 있었다.

고체 또는 반고체 형태로 허브 제조물을 사용하면 사용량을 정확하게 조절할 수 있고 조제하기 더 쉬우며 안정적으로 투약할 수 있다. 예를 들어, 연고는 에센셜 오일을 비즈 왁스 등에 더해서 만들 수 있다. 식물 치료제는 가능한 신선한 때에 만들지만 때로 미리 만들어 둘 경우, 알코올 또는 설탕 시럽을 보존제로 사용하여 부패를 막았다. 이로 인해 약물 가격은 아메리카 대륙이 발견된 후 설탕이 대규모 농장에서 재배되어 가격이 낮아지기 전까지는 매우 비쌌다.

약용 사탕은 고대 이집트 시대부터 인후통을 완화하기 위해 사용되었다. 레몬, 약초 및 향신료와 꿀을 혼합하여 만들었는데, 이 재료들은 지금까지 그대로 사용되고 있다. 설탕은 꿀보다 고체로 만들기가 더 쉬웠다. 그러나 설탕은 믿기지 않을 만큼 비싸고 만드는 시간이 많이 소요되었다. 설탕을 만들기 위해서는 큰 설탕 원뿔을 먼저 만들고, 철로 된 집게로 조금씩 맛본 뒤에 찧어서 가루로 만들고, 불순물을 체로 걸러야 하는 과정을 거쳐야 했다. 설탕 성형기가 없던 시절에는 설탕을 녹인 용액을 가열한 후, 녹은 설탕을 들어올리고 빠르게 늘어뜨려 만들어진 긴 밧줄 모양의 설탕을 버터 바른 가위로 잘게 썰었다.

카타플라스마(Cataplasms) 또는 습포제는 모든 종류의 질환을 치료하는 데 사용하는 습식 압박법이다. 상처, 궤양, 타박상, 종기, 내향성 발톱, 치통, 염증, 위경련 및 골절은 인간과 동물이 모두 가지고 있는 질환이었다. 습포제는 빵, 리넨 또는 석

⬅ 이탈리아의 식물학자이자 농업가 안토니오 타르조니(Antonio Targioni Tozzetti)의 저서 '꽃, 과일 및 감귤류의 수확'의 레몬. 1825년. 산미가 있는 향수와 피부를 깨끗하게 하는 오일, 입맛을 돋우는 풍미로 인해 시트러스에 속하는 과일들은 기침약부터 청소 제품까지 다양하게 사용되었다.

고반죽과 같은 일종의 결합제로 구성되었으며 질병에 따라 다양한 혼합물에 담갔다가 사용했다. 이것들은 일반적으로 환부를 따뜻하게 하기 위해 미리 충분히 데우는데 고추냉이(Armoracia rusticana)와 같은 뜨거운 성질을 가진 약초를 사용하기도 했다. 아마씨 오일은 아마(Linum usitatissimum)의 씨앗에서 추출한 것으로, 아마씨 오일의 섬유질이 액체와 접촉하면 팽창하여 상처를 건조시키고 가시나 파편과 같은 이물질을 상처에서 빠지게 하여 특히 인기가 좋았다. 아마는 씨앗, 의약품 그리고 섬유로써도 매우 가치 있었다. 하지만 항상 풍작이 보장되지는 않았다. 신앙심이 깊은 농부들은 부활절 이후 40일째 되는 날인 승천일에 종을 쳐서 새로운 작물을 예고하는 전통을 따랐고, 어떤 농부들은 하지에 불 위를 뛰어 넘으면 풍작이 된다는 미신을 실천하면서까지 풍작을 기원하였다.

뿌리는 약초는 집 안 곳곳에 사용되었는데, 바닥을 깨끗하게 유지하고 해충을 억제하며 각 방에 향기를 더하는 용도로 사용되었다. 아로마 오일의 원료가 되는 이 허브 잎들은 발로 밟거나 으깼을 때 더 향기가 좋았는데 캐모마일(Matricaria chamomilla), 레몬밤(Melissa officinalis), 선갈퀴(Galium odoratum), 민트 등이 그러하다. 존 제라드는 엘리자베스 1세가 특히 느릅터리풀(Filipendula ulmaria)을 그녀의 개인 침실 방향제로 좋아했다고 말했다. 느릅터리풀은 일부 지역에서는 크림색으로 집 안에 두기에 불길한 식물로 여겨졌다. 실제로 누군가 느릅터리풀을 방 안에 두고 잠들면 깨지 못할 수도 있다고 했다. 타협안으로는 은은한 향기가 나는 이 허브를 결혼식이 열리는 교회에 뿌리는 것이었는데, 그래서 다른 애칭으로 '신부의 허브'라고 불리기도 했다.

⬆ 존 제라드의 '약초서'에 나온 느릅터리풀 판화. 1633년.
➡ 가축을 보호하는 부적이 묘사된 중세 마법서인 '교황 호노리우스의 그림 워크' 앞표지. 1760년.

GARDE POUR LES MOUTONS,
Expliquée à la page 106.

No. 2
Publish'd as the Act directs by W. Curtis Botanic Garden, Lambeth Marsh 1786.

약초는 초기 근대 식품 저장고에서 매우 중요한 재료였지만, 그 자체에만 의존할 수는 없었다. 특히나 약초 전문 공간을 따로 마련할 수 없는 넉넉지 않은 형편의 가정에선 가족을 노리는 악령과 질병으로부터 보호하기 위해 행운의 부적을 사용하는 경우가 다반사였다. 크게 눈에 띄지 않지만 성 베네딕트에게 신성하게 여겨지는 허브베니트(Geum urbanum)는 축복받은 식물로 알려져 있으며,(서부 지역에서는 뱀을 부추긴다고 여겨지기도 하지만) 베토니(Betonica Officinalis)와 함께 엮어서 현관문에 걸어 악마가 집 안에 들어오는 것을 막아 주는 훌륭한 부적으로 사용되었다. '은총의 약초'로 알려진 운향(Ruta graveolens)은 동쪽 창문에 달아 전염병을 막았는데, 영국인들은 일반적으로 프랑스에서 불어오는 오염된 바람을 통해 전염병이 전해진다고 생각했기 때문이다. 마구간에도 동물들, 특히 소를 보호하기 위한 부적이 사용되었다. 사용된 부적은 대개 아이비, 딱총나무, 망종화, 마가목 그리고 산사나무로 만든 약초 화환이었다. 서양가막살나무(Viburnum lantana)는 주로 시골 도로에서 자라기 때문에 '나그네 나무'라고 불리지만 일부 사람들은 '마녀 나무'라고도 불렀다. 그럼에도 불구하고, 종종 이 나무는 17세기에 마녀를 쫓기 위해 축사 주변에 심기도 하였다.

> 사람의 귀에 빠르게 처리해야 할 문제가
> 있다면 운향, 쓴쑥 또는 서던우드 주스를
> 귀에 떨어뜨려 제거하라.

식품 저장고와 관련된 기술들은 좀 더 과학적인 사고를 하게 된 신사들에게 점차 인기를 잃었고, 건강과 아름다움의 비밀은 가난한 친척, 마을의 여성들, 전문 약사들에게 맡겨졌다. 때문에 대부분의 내용이 손실되었거나 불완전한 민담으로만 전해진다. 감기에는 에키나시아(Echinacea), 쏘인 상처는 소리쟁이 잎(Rumex), 부상에는 마리골드가 좋다고 한다.

아이들은 예전에 해충을 쫓기 위해 의상실이나 화장실에 향료 갑을 장식했다는 사실을 몰랐지만, 크리스마스 때나 옷장에 넣기 위해 오렌지에 정향을 꽂아 향료 갑 만드는 법을 배웠다. 어떤 사람들은 여전히 속옷 서랍에 넣거나 수면을 돕기 위해 라벤더 주머니를 만든다. 일부는 밀랍에 허브를 섞어 립밤이나 연고로 사용하기도 하는데 달라진 점이 있다면, 요즘에는 주로 식품 저장고가 아닌 부엌에서 만든다는 것이다.

⬆ 큐 왕립 식물원에서 수집된 돌소리쟁이의 식물 표본 시트. 2009년.

⬅ 커티스의 식물 잡지에 나온 좁은 잎을 가진 보라색 에키나시아. 1787년.

마가목

Rowan tree · *Sorbus*

차가운 늦가을 하늘과 대비되어, 생기 있는 마가목의 주황색 열매는 겨울이 오고 있다는 것을 알린다.

농작물이 풍성하면 수확량도 많겠지만 늘 그렇듯 그 뒤에는 혹독한 겨울이 기다리고 있다.

어떤 사람들은 마가목을 나쁜 의도로 악용되는 '마녀의 나무'로 알고 있다. 하지만 대부분의 사람들은 이 나무가 악에 맞서 싸우는 식물이라고 생각한다. 종종 '당마가목'이라고도 불리는 마가목은 실제로는 잣나무과에 속하지 않으며, 대신 사과, 산사나무, 장미와 더 가까운 관계이다. 북유럽의 가장 높고 접근하기 어려운 지역에서 '산의 여인', '빨리 자라는 나무' 그리고 '야생의 숲'으로 불리는 마가목이 발견된다. 척박한 환경에서도 자라는 이 나무의 생존력은 스칸디나비아에서도 알 수 있는데, 암석 사이 토양이 없는 협곡 도랑에 서식하여 '날아다니는 마가목'이라는 별칭을 얻게 되었다. 스코틀랜드에서는 깃털 같은 잎이 바람에 휘날리면서 비밀을 간직한 나무를 의미하는 별칭으로 '속삭이는 마가목'으로도 불린다.

그리스 신화 속 젊음의 여신 헤베(Hebe)는 불멸의 음식인 암브로시아(ambrosia)가 담긴 마법의 잔을 악마에게 도둑맞고, 잔을 되찾기 위해 독수리를 보냈다. 성배를 두고 벌어진 싸움에서, 독수리는 피와 깃털을 흘렸는데 그것이 땅에 닿자마자 마가목으로 변했다. 북유럽 신화에서 이 나무는 토르 신에게 신성시되는데, 저승의 거친 강물에서 마가목 나뭇가지를 생명줄처럼 내려 보내 그를 구했기 때문이다. 켈트족 전통에 따르면 최초의 여성이 마가목으로 만들어졌다고 한다.(최초의 남성은 '재'였다고 전해진다) 마가목의 여성적 연관성은 기독교로 이어졌다. 아일랜드 성인, 성 브리지드(Irish St Brigid)의 이름은 난로, 예술, 치유, 조산, 대장장이, 공예의 여신 브리드에서 유래했을 가능성이 있다. 켈트족 여신 브리드에게는 이 나무가 신성한 식물이었는데 마가목으로 물레와 물레방아를 만들었기 때문이다.

마가목 열매 밑부분에 아주 작은 다섯 개의 잎이 달려 있는데, 열매가 익으면 그 잎이 행운의 상징인 마법의 오각형처럼 보인다. 이 나무는 관과 아기의 요람을 보호했고 소의 뿔에 붙이기도 했다. 특히 스코틀랜드 고원 지대에서 이것을 베는 것은 불운으로 여겨졌다. 한편, 일부 사람들에게 마가목은 요정들의 나무였다. 때문에 한여름, 현실 세계의 시간을 잃어버릴 수 있는 요정의 고리 안에 갇힐 때를 대비하여 마가목 지팡이를 준비해 두는 것이 현명했다. 이 지팡이는 귀금속을 찾는 신성한 막대기로 사용되기도 하였다.

마가목은 설사 진통제로 인후염을 위한 가글로, 또 치질 연고로 효과적이기 때문에 전통적으로 약초 의학 상자에 늘 들어 있었다. 또한 열매는 비타민 C 함유량이 높기 때문에 괴혈병 치료제로도 사용되었다.

➡ 메리 앤 스테빙(Mary Anne Stebbing)이 그린 마가목의 부분 색칠 드로잉. 1946년.

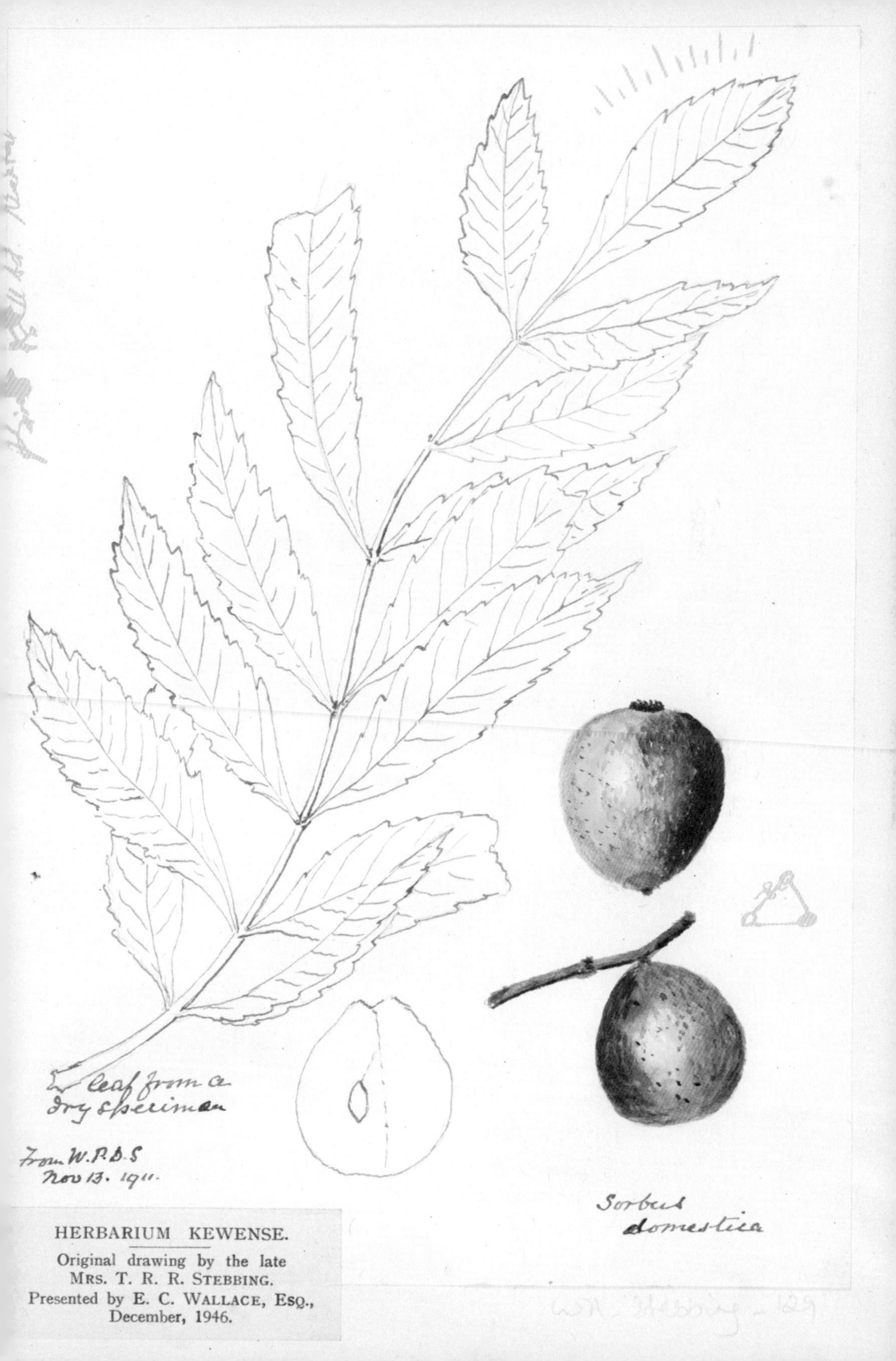
leaf from a dry specimen
From W.P.D.S
Nov 13. 1911.
Sorbus domestica

Rosa Damaſcena ed pallida Offic. Einfache rothe Zucker Roſe, Damaſcen Roſe

장미

Rose · *Rosa*

장미는 많은 이들에게 꽃의 여왕으로 알려져 있다.
장미의 향은 전설적이며 그 매력은 타의 추종을 불허한다.

클레오파트라는 장미로 뒤덮인 침대에서 마르쿠스 안토니우스(Mark Antony)를 유혹했다고 전해지며, 조세핀 황후(the Empress Josephine)는 나폴레옹 보나파르트(Napoleon Bonaparte)와 함께 살았던 말메종(Malmaison)의 대저택에서 알려진 모든 품종의 장미를 모았다고 한다. 그리스 신화에서는 아프로디테 여신이 흰 장미 덤불 가시에 발이 찔린 이야기, 큐피트가 사랑의 마법 묘약을 흘린 이야기가 전해진다. 두 사건 모두 장미의 꽃잎을 붉게 물들였다고 한다. 순교자의 길로 떠난 성 알바노(St Alban)의 마지막 여정에서 발이 닿는 곳마다 장미가 피어났다고 전해지며, 매년 6월 22일에는 성 알바노 대성당에서 주교가 장미꽃이 장식된 지팡이를 들고 그를 추모하는 예배가 열린다.

런던 시에서는 연례적으로 널리스 장미 행사가 개최되는데, 1381년에 이웃한 두 건물 사이에 허가 없이 다리를 건설한 '죄'로 인해 시장에게 빨간 장미 한 송이를 '벌금'으로 낸 것이 관습이 되었다. 마찬가지로 오늘날에도 실질적 금액보다 적은 금액을 상징적으로 낸다는 의미의 '페퍼콘' 임대료는 가끔 부과된다. 햄프셔(Hampshire)에 있는 어린이 호스피스 '나오미 하우스'는 매년 한여름 날 빨간 장미 12송이로 99년간의 임대료를 지불한다.

장미 꽃잎은 고대부터 방을 장식하거나 신혼부부에게 뿌리는 용도로 사용되어 왔지만, 이 꽃을 선물하는 행위는 꽤 복잡한 일이다. 빅토리아 시대 '꽃의 언어'는 장미에 집중되어 있었다. 몇 가지 의미는 명확하다. 흰색은 순결, 빨간색은 열정, 꽃봉오리는 순수함을 의미한다. 하지만 일부는 꽤 복잡한 의미를 가지는데 노란색은 질투와 우정, 센티폴리아 장미(Rosa x centifolia)는 욕망에 가득 찬 사랑, 개장미(Rosa canina)는 기쁨과 고통을 뜻한다. 로마 연회장 천장에는 침묵의 신 하포크라테스(Harpocrates)를 기리는 장미가 그려져 있어 저녁 식사 시 사람들이 대화를 할 때 신중하게 말을 하도록 상기시켰다. 자고로 '장미꽃 아래에서' 나눈 말은 '장미꽃 아래에만' 남겨 둬야 한다.

장미는 터키 과자 로쿰에 향미료로 흔히 쓰였고, 역시 장미를 첨가한 인 프랑스 지방의 전통적인 소스 에글란틴은 빅토리아 여왕의 디저트에 뿌려졌다. 그리고 체리 파이에 다마스크 장미(Rosa x damascena) 꽃잎을 첨가하여 풍미를 더했다. 장미수는 온화하고 깨끗한 성질로 눈처럼 민감한 부위에도 사용할 수 있다. 컬페퍼는 이 꽃이 구토, 출혈, 월경 과다를 예방하는 데 효과가 있으며 특히 감기와 기침에 효과적이라는 사실을 발견했다. 실제로 로즈힙 시럽은 20세기까지 인기를 끌었으며, 제2차 세계 대전 중 어린이들은 장미를 채취하고 돈을 받기도 하였다.

⬅ 팩스톤(Paxton)의 꽃 정원에 있는 다마스크 장미. 약 1850년경.

산사나무

Hawthorn · *Crataegus monogyna*

고대 그리스인들은 신혼부부를 위해 산사나무로 화환을 장식하고, 산사나무 횃불로 신부에게 가는 길을 밝혔던 반면, 많은 북유럽 전통에서 산사나무는 두려움의 대상이다.

5월에 산사나무 아래에 앉아 있으면 요정에게 납치를 당한다는 말이 있다. 오늘날까지도, 밭 한가운데에 산사나무 한 그루를 남겨 두어야만 요정의 노여움을 피한다는 이야기가 있다.

다른 나무와 함께 심을 때, 유독 빨리 자라는 속도로 인해 '빠른 나무'로 불리는 산사나무는 그 번식력 덕에 유용한 울타리 작물이었다. 일부 지역에서는 풍작을 기원하기 위해 새해 아침에 특별히 산사나무 가지를 잘라 밭마다 태우곤 했다. 그을린 잔해는 이듬해까지 그대로 보존되었다.

산사나무 꽃은 집 안에서 환영받지 못했다. 흰색 꽃은 죽음이나 역병의 냄새를 풍긴다고도 전해졌는데, 이는 어느 정도 진실이다. 이 나무의 꽃에는 썩어가는 동물 조직에도 존재하는 화학 물질인 트리메틸아민(trimethylamine)이 포함되어 있기 때문이다. 이는 성모 마리아에게 신성한 달인 5월에 피는 꽃이지만, '흰 산사나무'가 성수의 축복을 받았다는 사실 때문에 일부에서는 이 꽃이 그리스도의 가시 면류관 중 하나로 언급되기도 한다.

민담학자들 사이에서 여전히 논란이 되는 것이 있다. 바로 옛 속담인 "5월이 끝날 때까지 옷을 벗지 말라."가 정확히 어떤 의미를 갖는지에 대해서이다. 이 속담이 5월이 완전히 지날 때까지 외투를 입어야 한다는 것을 의미하는 것인지, 아니면 '5월 꽃'이 피어날 때까지 외투를 입어야 한다는 뜻인지에 대한 의견이 분분하다. 16세기 튜더 왕조 시대에 산사나무 꽃을 구경하기 위해 유람 떠나는 일을 일컬어 '5월을 집으로 가져오기'라고 하였다. 이는 흔한 일이었으며, 헨리 8세(King Henry VIII)는 5월을 즐기기 위해 나갔다가 5월의 왕인 '로빈 후드'와 여왕인 '메이드 매리언'(Maid Marion)을 만났다는 기록이 남아 있다. 작가 새뮤얼 피프스(Samuel Pepys)의 아내 엘리자베스는 1667년 5월의 어느 날 아침, 산사나무 이슬을 맞으며 목욕을 했다는 이야기도 전해지고 있다.

이 나무는 점술에 사용되기도 했다. 또한 낙뢰를 예방하며 모든 장작 중에 가장 뜨겁게 타는 성질을 가졌다고 한다. 신선한 잎은 배고플 때 먹을 수 있어 '빵과 치즈'라고도 불린다. 열매인 '호우'(haws)는 '홍정 열매'와 '작은 요정의 배(pears)'를 포함하여 몇 가지 유쾌한 별칭을 가지고 있다. 이 열매로 만든 팅크는 심장 질환을 치료할 때 사용되었고, 가루로 만들면 결석 질환과 부종 치료에 좋다고 알려졌다. 증류한 산사나무 즙은 피부의 불순물을 제거하는 데 도움이 된다고 여겼다. 또한 이 나무는 '옷 나무'로도 알려져 있었다. 사람들은 천 조각을 산사나무에 매달아 두면 나무가 질병의 무게를 짊어진다고 믿었다.

전설에 아리마대의 요셉(Joseph of Arimathea)은 자신의 지팡이를 영국의 종교적인 장소 글래스톤베리(Glastonbury)에 박아 심었더니 성스러운 산사나무가 살아나 싹을 틔웠다고 전해진다.

➡ 덴마크의 식물도감 '플로라 다니카'의 산사나무. 1761년~1883년경.

Caprifoliaceae.
Sambucus nigra L.

딱총나무

Elder · *Sambucus*

전설 속에서 유다가 자결할 때 딱총나무에 목을 매달았다고 하며, 예수 그리스도의 십자가도 딱총나무로 만들어졌다고 전해진다. 때문에 기독교 전통에서 이 나무의 명성은 그리 좋지 않았다.

초기 기독교는 이 나무를 '죽음의 나무'라고 맹비난했다. 한때는 아름다운 숲속의 나무였지만 예수가 못 박힌 십자가로 사용되었기 때문에 저주를 받았다고 믿었다. 그 결과 아름다운 열매는 검정색으로 쪼그라들었으며, 나무에서는 심지어 죄수들의 시체에서 풍기는 악취까지 나게 되었다고 했다. 또한 마녀와 요정들이 가지에 타고 다녀 바람에 흔들리는 것처럼 보인다고 했다. 한여름 밤에 딱총나무 밑에 앉은 사람은 요정의 왕과 그의 신하들이 지나가는 것을 볼 수 있었고, 잠이 들면 다시 깨어나지 못한다는 이야기가 전해졌다. 크리스마스 이브에는 줄기를 기름에 담갔다 빼서 불을 붙여 불 위에 띄우면 이웃에 살고 있던 마녀가 모습을 드러낸다는 이야기도 함께 전해졌다.

물론 이 이야기에는 교회의 의도적인 목적이 있었는데, 신성한 숲에서 가장 중요한 나무 중 하나로 숭배받는 딱총나무의 신화를 없애려고 했던 것이다. 북유럽의 여신 홀다(Holda)에게 신성한 존재였던 이 나무는 악령을 쫓아내는 힘이 있었고, 결국 이 개념은 기독교 교회로까지 전해지게 되었다. 이윽고 마구간 안에 딱총나무로 만든 십자가를 걸었고, 여행자들은 도둑을 막기 위해 딱총나무 가지를 들고 다녔다. 선원들 또한 딱총나무 가지를 들고 항해를 떠났는데, 가족들은 남은 나무의 건강 상태를 보고 그들의 운명을 예측할 수 있었다. 딱총나무 부적은 홍반 또는 맥각 중독, 류머티즘 및 간질 예방에 사용되었다. 자연적으로 자란 나무가 가장 좋은데, 이것은 번개를 튕겨 내기도 했다. 이 나무를 우물 근처에 심는 것은 지양되었지만, 습기가 많은 토양을 좋아하는 특성 때문에 종종 화장실 주변에서 발견되었다. 또한 잎은 천연 방충제 효과가 있었다.

딱총나무에 저지를 수 있는 유일하며 가장 치명적인 실수는 나무를 베는 것이었다. 이는 여신 홀다에게서 도둑질하는 것으로 여겨져 3일 내에 죽을 수 있다고 믿었다. 만약 나무를 베어야만 하는 상황이라면, 홀다에게 정중하게 부탁을 해야만 했다. 무릎을 꿇고 모자를 벗고 예의를 갖추고 나무가 필요한 이유를 분명히 밝힌 뒤에 이 중에 갚겠다는 약속과 함께 말이다. 딱총나무는 땔감으로 쓰일 때 고통스러운 비명 소리를 낸다고 한다. 또한 불탈 때 끓어오르는 수액은 악마가 굴뚝을 통해 침을 뱉는 행위로 묘사되었다.

플리니우스는 딱총나무의 속 빈 줄기를 보고 '파이프 나무'라고 불렀으며 파이프, 트럼펫, 호각 및 풍적 등 목관 악기를 만드는 데 유용하다고 말했다. 이 나무는 약으로도 매우 유용하게 사용되었다. 1655년, 영국의 의사 토마스 브라운(Thomas Browne)은 딱총나무를 구내염, 인후염, 기도 협착과 같은 질병에 사용하도록 제안했다. 컬페퍼는 나뭇잎을 콧구멍에 채우면 뇌의 미세한 막들을 제거할 수 있다고 믿었다.

⬅ 쾰러의 '약용식물도감'에 수록된 딱총나무. 1887년.

양아욱

Marsh-mallow · *Althaea officinalis*

마시멜로라고도 불리는 양아욱은 아욱과에 속하는 1000여 종 중에서 가장 유명한 식물이며, 학명 'Althaea officinalis'은 그리스어 'altho'(치료하다)에서 유래되었다.

원래 중국에서 기원한 양아욱은 이집트인, 시리아인, 그리스인에게 알려져 있었다. 로마인들은 이 식물로 새끼 돼지를 요리해 다른 이에게 대접했는데, 이는 풍요로움, 행운 또는 성공을 기원하는 표현이었다. 아욱은 변비 완화에 사용되었으며, 아욱 차는 체내 염증을 진정시키고 잎은 눈이 아플 때 찜질하거나 다리가 아픈 말의 붕대로 사용했다.

영국 아이들은 아욱 씨앗을 모아 작은 공 모양을 만들었다. 이로 인해 이 식물에는 '견과류'(nutlets), '수다쟁이'(flibberty-gibbet) 그리고 약간 불쾌한 이름인 '개구리 치즈'(frog cheese) 같은 지역적인 이름이 많이 붙었다. 길가나 버려진 땅을 장식하는 양아욱의 보라색 꽃은 '야생 제라늄'에서 '털과 헝겊'에 이르기까지 더 많은 이름을 가지고 있다. 이 약초는 장점이 많고 단점은 거의 없다. 잎을 입에 넣으면, 치통, 인후통 및 기침을 완화한다고 믿었다. 말린 것이나 신선한 것 모두 섭취하면 훌륭한 관장제 역할을 했다. 이 식물을 으깨 먹으면 염좌와 뻣뻣한 관절에 도움이 되었다. 컬페퍼는 와인에 삶은 아욱 뿌리가 인대 파열과 경련에 좋다고 믿었다. 제비꽃 시럽으로 달콤하게 만든 아욱은 배뇨통을 낫게 했지만, 바람둥이들은 주의해야 했다. 성욕을 억제하는 효과를 가지고 있었기 때문이다.

아일랜드 전설에 따르면, 아욱은 악마가 해칠 수 없는 일곱 가지 식물 중 하나이다.(나머지는 망종화 아이브라이트, 마편초, 꼬리풀(Speedwell), 서양톱풀 그리고 셀프힐(Self-heal)이다) 보름달에 가까운 밝은 날에 채취하면 가장 효험이 좋지만 5월 마지막날에 채집한다면, 사탄을 불러낼 수 있다. 아일랜드 리머릭 주(Limerick)의 소년들은 악으로부터 자신을 '보호'한다는 명목으로 이 약초로 지나가는 사람들을 때리며 즐거워했다.

양아욱의 항마력은 일시적일 수도 있으며, 뿌리를 건포도와 함께 끓여 이른 아침에 먹으면 하루 동안 질병에서 보호된다고 믿었다. 이처럼 이 약초는 좋은 식물로 간주되었다. 중세 시대에는 의심을 받는 범인들이 양아욱과 달걀 흰자를 섞어 만든 반죽을 손에 바르면 전통적인 재판 절차 중 하나인 뜨거운 철을 손에 잡고 더 오랫동안 버틸 수 있어 이를 통해 자신의 무죄를 입증하려 했다. 그렇게 해서라도 벌을 피하려고 하는 마음을 비난할 수는 없을 것이다.

양아욱은 식물 섬유에 점액질이 있어 물에 들어가면 걸쭉해진다. 옛날에는 이를 설탕과 함께 가열하여 달콤한 '아욱' 반죽을 만들어 단맛을 내거나 알약을 만들 때 사용하였다. 아쉽게도, 오늘날 양아욱과 영문 이름이 같은 달고 푹신푹신한 간식, 마시멜로와 이것의 공통점은 설탕이 들어갔다는 것뿐이다.

➡ 양아욱(마시멜로).

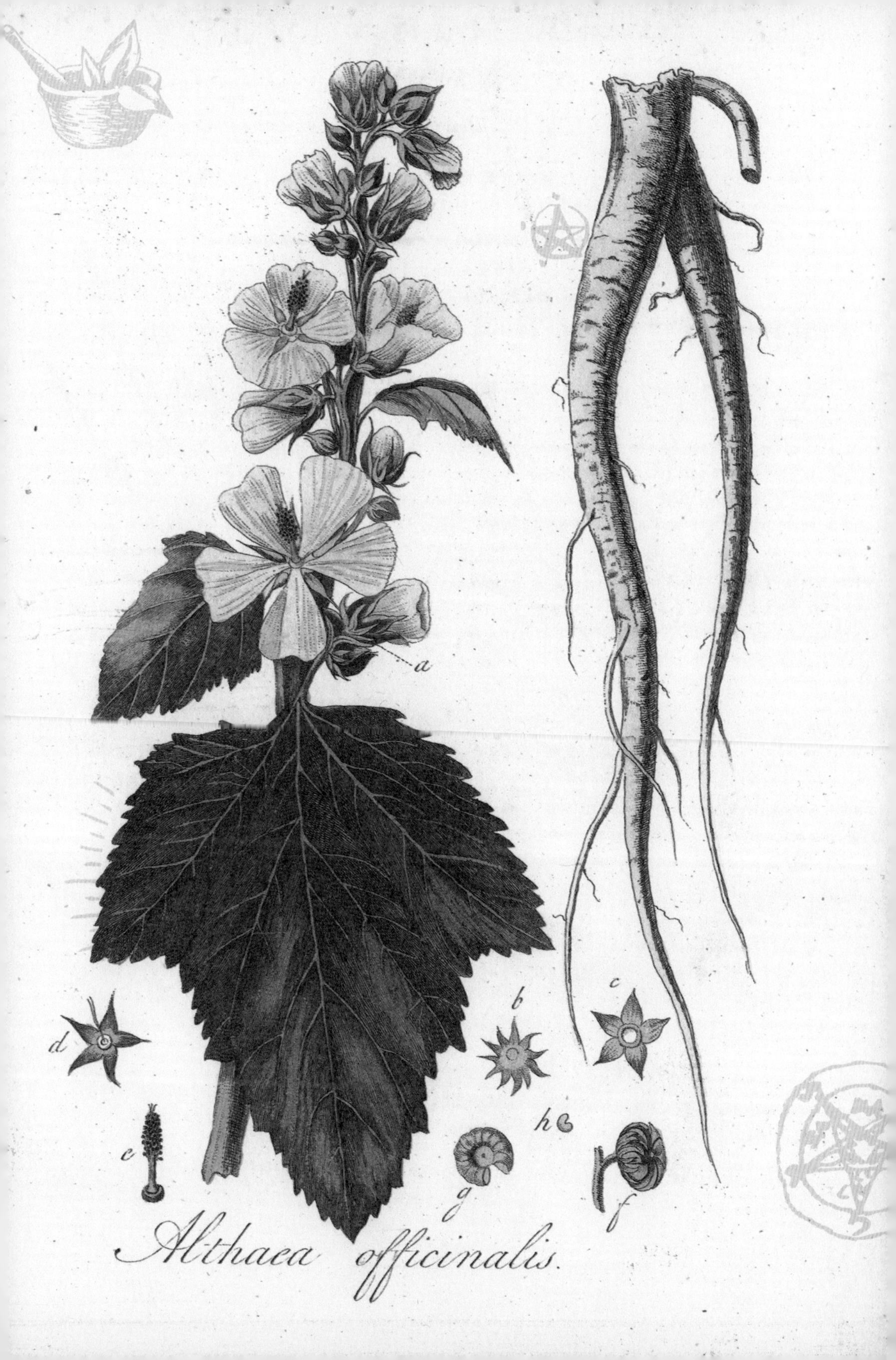
a
b
c
d
e
f
g
h
Althaea officinalis.

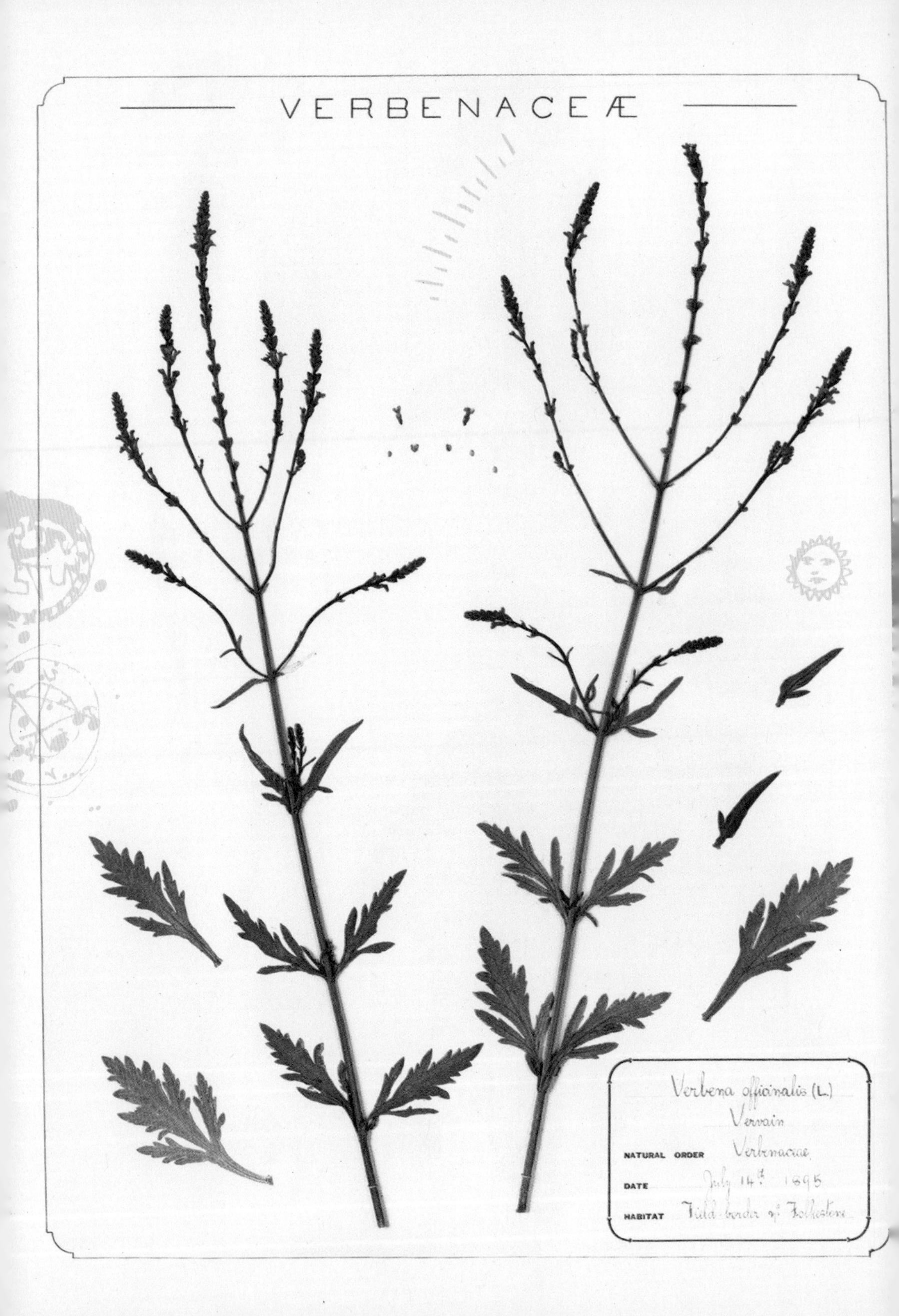
VERBENACEÆ
Verbena officinalis (L.)
Vervain
NATURAL ORDER Verbenaciae
DATE July 14th 1895
HABITAT Field border of Folkestone

마편초

Vervain · *Verbena officinalis*

마편초는 버베나라고도 알려져 있으며, 천 년 동안 민간과 의학에서 강력한 입지를 굳혀 왔다. 마법의 힘이 있다고 알려진 바와 달리, 야생 형태로는 허약한 개체이다.

보통 백악질 토양과 관목 지대에서 발견되며, 작은 보라색의 꽃은 거친 가시와 돌출하여 갈라진 잎 사이에서 드문드문 볼 수 있다.

이집트인들은 마편초의 앙증맞은 꽃을 '이시스의 눈물'이라고 불렀다. 반면 그리스와 로마인들은 이 식물을 울고 있는 여신 '주노'로 여겨, '주노의 눈물'로 명명했다. 플리니우스는 마편초(라틴어로 '신성한 나뭇가지'를 뜻함)가 켈트족에 의해 로마에 전해졌다고 말했다. 켈트족은 개의 별인 시리우스가 떠오를 때 철로 만든 칼로 이 '마녀의 꽃'을 잘랐다고 전해진다. 로마인들은 이것을 점술과 제비뽑기에 사용했고, 심지어 '버베날리아'라는 축제를 열어 기념하기도 하였다. 고대 페르시아인들은 마편초를 최음제로 여겼는데, 이는 19세기 유럽에서 이 식물을 신부의 화환에 넣는 전통과는 아무 관련이 없다.

마편초는 진정한 만병통치약으로 명성을 얻었다. 색슨족은 뇌우를 막아 준다고 믿었으며, 아즈텍인들은 뿌리를 이뇨제로 생각했고, 북미 원주민들은 불면증, 혈액 순환 장애, 두통에 사용했다. 심지어 기독교 교회에서도 마편초를 '은혜의 약초'라고 부르기까지 했다.

중세 시대, 마편초는 '간편한 기쁨'이었다. 전염병, 통풍, 치핵을 치료하고, 비둘기를 모으고 마녀와 악마를 막아 주고, 뱀을 내쫓고, 아기를 보호하고 마법처럼 칼날을 날카롭게 하고, 악몽을 예방하는 등 다양한 효능이 있었다. 어떤 지역에서는 새들이 시력 개선을 위해 먹었다고 해서 '비둘기풀'이라고 불렀다. 작은 실크 주머니에 마편초를 넣어 아이의 목에 걸어 두면 감염을 피할 수 있다고 전해졌다.

이 '신성한 잡초'는 광견병에 걸린 개를 물리치고 마법 또는 마녀의 주술을 피할 수 있다고 전해진다. 실제로 마편초는 어두운 힘을 가지고 있어 마녀가 사용했다는 이야기가 있다. 어떤 이들은 '도둑의 식물'이라 불렀는데, 운향, 부싯돌과 함께 끓여서 총알이 잘 발사되도록 했으며, 누군가 손에 작은 상처를 낸 후 이것의 잎으로 피를 멈춘다면 가물쇠가 마법처럼 열릴 것이라고 믿었다.

심지어 1837년 런던 의약서에는 하얀 새틴으로 묶인 마편초 뿌리 목걸이가 악명 높은 피부병이었던 왕의 연주창(림프절 결핵)을 물리칠 수 있다고 나와 있다. 이 약초는 지금까지도 불안을 떨쳐 내고 마음을 가라앉히며 수면 유도 효과가 있다고 여겨지고 있다.

⬅ 영국에서 수집된 마편초 식물 표본 시트. 1895년.

9장

어둠의 거울: 식물의 그림자

고대 로마인들은 마법이 사악할 수 있다는 사실에 대해 의심할 여지가 없었다. 라틴어로 여자 마법사를 뜻하는 단어는 '여성 독살범'(venefica)이라는 의미였다. 이처럼 마법의 어두운 면은 항상 우리와 함께해 왔다. 식물 이름을 잘 모르는 사람들도 두려워하는 '사악한' 약초들, 사리풀, 아코니툼, 벨라도나, 여우장갑, 독당근, 맨드레이크의 독성은 악명 높았다. 덤불과 숲은 언제나 어두운 그림자를 가진 식물들로 가득 차 있었지만 그렇다고 해서 독초만 있는 것은 아니다. 어떤 약초는 주의만 잘 기울인다면, 유용하게 사용될 수 있었다. 하지만 그만큼 약초를 잘 알고 있는 사람은 드물었다.

주문을 걸 때 사용된 약초를 찾아내는 데 가장 큰 문제 중 하나는 수천 년이 지난 지금도 어떤 식물이 보호 기능이 있는지, 행운을 가지고 오는지 또는 이웃의 얼굴에 뾰루지를 나게 할 수 있는지에 대해 명확한 합의점을 찾지 못했다는 것이다.

어떤 약초들은 서로 상반되는 특성, 즉 유용한 면과 독이 되는 면을 모두 가지고 있었다. 중세 전염병에 걸린 사람들에게 운향은 질병을 막을 수 있는 '은총의 허브'였지만, '네 도둑의 식초'에 사용되면서 변질되었다. 전염병에 걸린 피해자의 재물을 빼앗으려는 계획을 세운 도둑들은 자신들은 전염병에 걸리지 않기 위해, 마늘과 다른 자극적인 약초를 다량으로 섞은 뒤 손수건에 묻혀 코를 막았다. 이 방법은 질병을 전염시키는 벌레를 쫓아내는 데 도움이 되었다. 도둑들이 체포되었을 때, 그들은 약초 레시피를 경찰에게 알려주는 대가로 풀려났다. 오늘날에도 그 레시피를 활용한 여러 종류의 벌레 퇴치제가 사용되고 있다.

어둠의 허브들은 종종 숲속에서 발견된다. 봄철 숲 바닥은 꽃들이 가득한데, 나무가 우거지기 전 단 몇 주 동안만 햇빛이 비치기 때문이다. 강가 주변에서 특히 꽃들이 만발한 것을 볼 수 있다. 고대에는 나무의 어린 싹을 뿌리까지 베는 '벌목'을 주기적으로 행했고, 이로 인해 나무 사이에 일시적인 빈 공간이 생기면서 다양한 식물이 번성했다. 잘린 나무 그루터기 사이로 이끼류 및 다른 식물들이 자라며 미세한 세계가 형성되었다.

유럽의 민담 속에서, 이끼는 신비로운 '이끼족'의 아주 작은 영역이었다. 이끼족은 나이가 많고 지혜롭고 믿음직하지만 조심해야만 했다. 원래 '모습을 빌려 온 자'로 알려진 이끼족은 자신들의 크기와 모습을 바꿀 수 있었고, 우유나 죽과 같은 간단한 제물을 바치면 동물을 치료하거나 선물을 남기기도 했다. 그러나 이끼족에게 무례하게 굴거나 소홀히 대하면 농기구부터 아이들까지 모든 것을 훔쳐 간다고 전해졌다.

인간의 개발로 인해 숲이 서서히 훼손되어 그 결과 식물의 씨앗, 포자, 열매를 퍼뜨리는 역할을 하던 동물들이 오가는 숲길이 사라지고 있다. 결국 식물도 전파가 되지 못하거나 일부는 완전히 사라지게 되었다. 유령난초(Epipogium aphyllum)는 영국에서 가장 희귀한 식물 중 하나이다. 이 식물은 잎도 엽록소도 필요 없이 어두운 그늘에서 살아간다. 심지어 그 옅고 투명한 꽃이 피는 데 30년이 걸릴 수도 있다. 또 다른 희귀종인 뾰족영아자(Phyteuma spicatum)는 수백 년 동안 약용 허브로 사용되었지만, 사람들이 벌목하는 것을 멈추면서 피해를 보았다. 두 식물 모두 심각한 멸종 위기에 처해 있다.

접미사 '-mancy'는 고대 그리스어인 맨테이아(manteía)에서 유래했는데 점을 친다는 뜻을 가지고 있다. 태곳적부터 인간은 '불점'(pyromancy)부터 보다 더 타락한 '강령술'(necromancy)까지 미래를 보기 위해 다양한 점성술을 행해 왔다. 그 중 하나인 찻잎 점(tasseomancy)은 점술사가 죽을 만큼 위험한 점성술은 아니지만 그래도 위험하기는 했다. 아폴로 신전의 신탁에서 여제사장들은 미래를 예측하기 위해 유독하다고 알려진 사리풀의 연기를 들이마시는 방법을 시도하고는 했기 때문이다.

➡ 쾰러의 '약용식물도감'에 수록된 여우장갑. 1887년.

Scophulariaceae.
1
2
3
4
5
6
7
8
9
10
11
12
13
A
B
W. Müller n. d. Nat.
Digitalis purpurea L.

때론 숨겨진 정보를 알기 위해 식물 점을 사용했다. 종종 질문의 정답을 찾기 위해 잎, 허브 또는 나뭇가지를 태우거나, 나무가 타오르는 소리를 듣거나, 연기를 들여다 보거나, 잿더미를 면밀히 살폈다. 일부 점술사들은 뿌리 또는 가지의 모양을 해석했다. 손으로 으깨진 약초 잎을 문지르는 행위로 통찰력을 얻기도 했으며, 잎에 질문을 적어서 바람에 날려 보내는 방법도 시도하였다.

마편초는 식물 점을 볼 때 가장 인기 있는 식물 중 하나였다. 뿐만 아니라 무화과(Ficus)와 개버즘단풍나무(Acer pseudoplatanus)도 잘 사용했다. 그 외 다른 유용한 식물들은 라벤더, 민트, 쑥, 서양톱풀, 세이지, 마리골드, 관동(Tussilago farfara), 민들레, 버드나무 등이 있다.

윌리엄 셰익스피어의 관객들은 아마도 현대인들이 느끼는 것처럼 그의 가장 유명한 점술 약을 끔찍하게 여기지 않았을 것이다. 그의 작품 맥베스에서 이상한 자매들이 주술 재료를 '도롱뇽의 눈과 개구리의 발가락, 박쥐의 털과 개의 혀, 독사의 갈퀴와 도마뱀의 가시'라고 밝혔을 때, 아마도 관객들은 그것이 단어 그대로의 뜻이 아닌, 흑겨자(mustard seeds), 산미나리아재비(buttercup), 섬꽃마리(hound's tongue) 그리고 나도고사리삼(adder's tongue)과 같은 식물을 뜻한다고 생각했을 것이다. 이러나저러나 '박쥐의 털'만큼은 구하기 어려웠을 테지만.

흑마법 중 저주는 가장 심각한 것이었다. 타인을 해치기 위한 주술인 저주는 실제 또는 상상 속에서 받은 모욕에 대한 앙갚음을 목적으로 했다. 우리가 알고 있는 오래된 저주 중 일부는 고대 이집트 무덤에서 발견되었는데 그것은 도굴꾼의 고통을 초래하기 위한 것이었다. 마법 주문은 단지 마녀만 할 수 있는 것은 아니었고, 누구나 누군가를 저주할 수 있었다. 평범한 고대 로마인들이 납판에 새긴 저주가 발견되기도 했는데, 그 대상은 도둑, 사기꾼 그리고 이웃에 대한 것이었다. 이러한 저주는 신들이 쉽게 볼 수 있게 우물, 목욕탕, 신전 벽에서도 발견되었다. 성서에서는 종종 잘못을 저지른 이의 후손들에게 저주가 전해지기도 했다. 중세 시대에는 책에 저주를 거는 일이 흔했는데 이는 도서관에서 책을 훔치거나 흠을 내는 이에게 불운이 생길 것이라는 내용이었다. 하지만 그 외에는 이웃 젖소의 젖이 마르게 하거나, 이웃의 말이 다리를 절게 해 달라는 류의 가벼운 저주들이 주였다.

저주는 한번 발동되면 되돌릴 수 없고 단지 해악을 피하거나 저주를 건 사람에게 반사될 뿐이라고 전해졌다. 대부분의 저주는 말이나 글로 전달되었지만, 때론 식물들이 그 역할을 하는 경우도 있었다. 임신한 여성을 향해 가시자두(Prunus spinosa) 지팡이를 휘두르면 즉각적으로 유산을 하게 된다고 전해졌다. 아일랜드에서 만약 누군가의 농작물을 저주하려면 나뭇재, 달걀, 삶은 감자 등 한때

⬆ 영국의 탐험가이자 식물학자 윌리엄 버첼(William Burchell)의 '세인트 헬레나 일지'에 나온 나도고사리삼. 1806년-1810년.

⬅ 독일의 화가 한스 발둥 그리엔(Hans Baldung Grien)이 상상한 마녀 모임. 1480년. 옷을 입지 않은 늙은 여자들이 염소를 타고 하늘을 날아다니며 물약을 만들고 주문을 외치는 동안, 그들의 고양이가 보초를 서고 있다.

⬆ '더 레비스'(The Rebis) 또는 '신성한 양성자'는 연금술 그림에서 흔히 볼 수 있다. 이는 궁극적이며 이상적인 '통합과 균형의 상태'를 상징한다. 즉 남자와 여자, 태양과 달을 동시에 나타낸다.
➡ 커티스의 '식물 잡지'에 나온 영국 식물 일러스트레이터 월터 후드 피치(Walter Hood Fitch)가 그린 유령난초. 1854년.

는 살아 있었지만 지금은 죽은 것을 흙에 묻었다. 어느 곳에서는 누군가를 고립시키는 저주를 걸기 위해 아위(Narthex asafoetida)를 태웠다. 이 식물에게 '악마의 향'이라는 속칭이 있는 걸 보면, 굳이 저주가 아니더라도 그 악취 때문에 사람들이 절로 떨어지게 만들었을 것이다. 어떤 이들은 화장실에 '해조류'를 달면 방광염에 걸릴 것이라고 저주했다. 이 저주는 해조류의 일종인 블래더랙(Fucus vesiculosus)이 '방광'이라는 별칭을 가진 것과도 연관이 있다. 하지만 모든 민담에는 양면성이 있듯 블래더랙 또한 종종 '민감한 방광을 다스리는' 약으로 쓰이기도 했다고 한다.

마법의 인형 포핏(Poppets)은 때때로 특정 개인에게 도움이 되거나 악의적인 주문을 걸기 위해 사용되었다. 예를 들어 인형을 여뀌(Persicaria maculosa)로 가득 채우면 다른 누군가에게 복통을 일으킨다고 전해졌다. 그러나 다른 이들은 포핏이 다른 사람을 통제하거나 또는 무언가에 대한 마음을 변화시키는 데 도움이 된다고 주장하기도 했다.

마법 지팡이는 에너지를 전달하기 위해 손에 들고 사용하는 도구로 그리스 시인 호메로스에 의해 처음 언급되었다. 그의 서사시인 '일리아드'에서 신 헤르메스가 마법의 지팡이를 사용하여 인간을 잠에 빠뜨렸다가 다시 깨우는 장면이 나온다. '오디세이'에는 아테나가 오디세우스를 노인으로, 마법사 키르케가 부하들을 돼지로 만드는 데 사용한 두 개의 마법 지팡이가 등장한다. 고대 성직자 드루이드는 서양주목, 산사나무 또는 마가목 지팡이를 사용했다. 13세기에는 그 시대의 마법서인 '호노리우스의 서약서'에 개암나무(Corylus avellana)가 마법 지팡이 목재로 추천되었다. 마법 지팡이의 목재는 최고의 품질을 위해 새로 자란 가지여야 하며, 해가 뜰 때 한번에 베어야 한다.

하지만 지팡이와 그의 형제인 마법 봉은 어떤 종류의 나무든지 선택할 수 있으며, 각각의 특성에 따라 선택되었다. 예를 들어 딱총나무는 보물의 위치를 알아낼 수 있는 반면, 버드나무는 악을 쫓아낼 수 있었다. 매우 용기 있는 자만이 사탄과 직접 소통할 수 있는 죽음의 나무, 사이프러스를 선택했다.

마법 지팡이는 단순히 힘을 전달하는 도구일 뿐 본질적으로는 '마법' 능력이 없었다. 하지만 이미 주술에 대한 공포에 휩싸여 있던 기독교인들은 마법 지팡이도 마녀만큼이나 위험하다고 느꼈다. 결국 중세 시대에 들어서, 기독교 신자들은 마녀가 사악한 존재이며 뿌리 뽑아야 한다는 결론을 내렸다.

마녀의 주술은 모든 곳에 흔적을 남겼다고 전해진다. 쓴쑥은 악마와의 계약에 사용되었다. 개

4821.

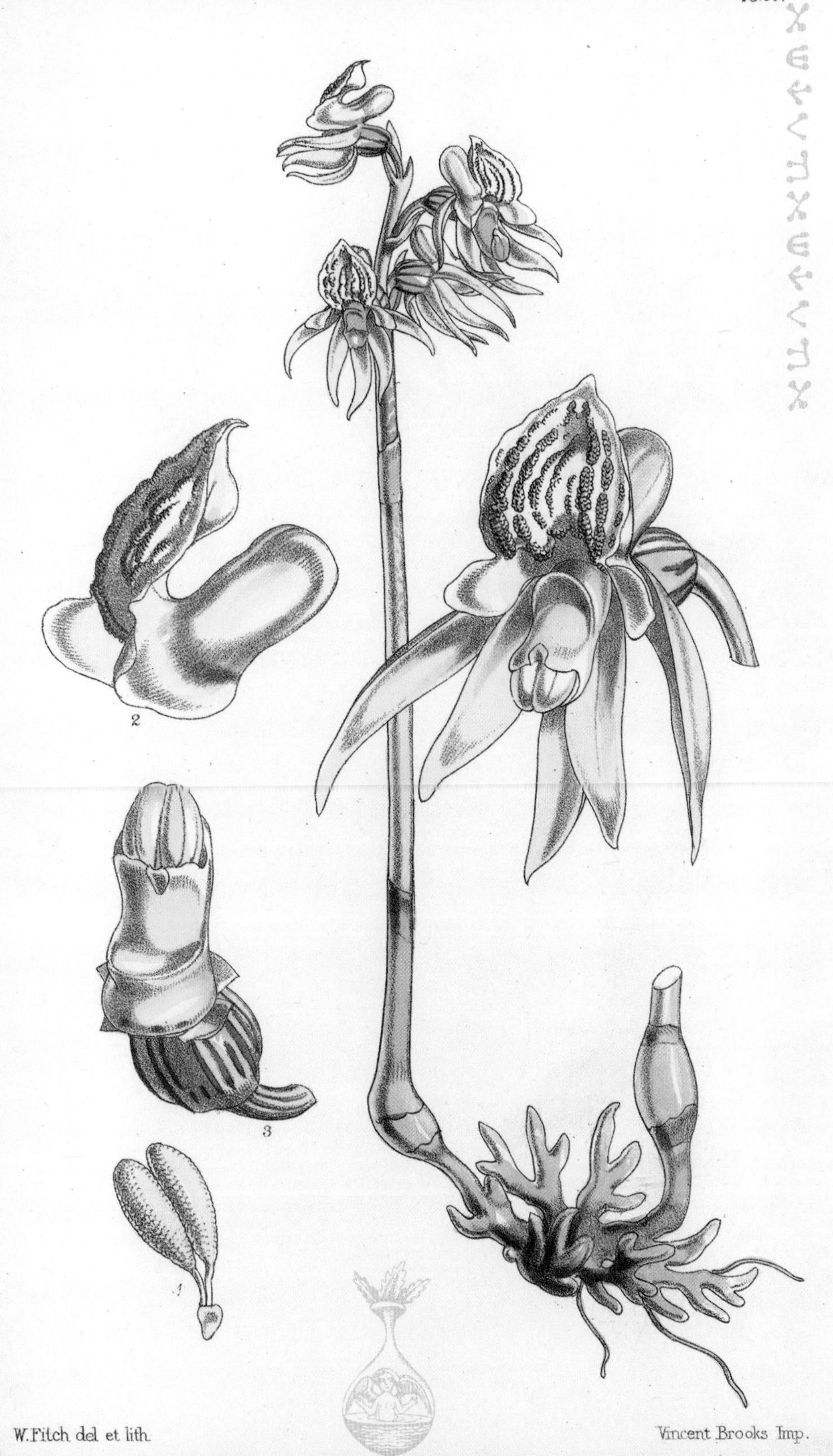

W. Fitch del et lith.

Vincent Brooks Imp.

Cetraria islandica Acharius.

쑥갓(Senecio vulgaris)은 마녀가 소변을 보았던 자리에서 자라났다. 마녀가 피를 흘린 곳에서 자라는 식물들은 붉은 줄무늬를 갖게 되었다. 점차 사람들은 마녀로부터 자신들을 보호해야 할 필요를 느꼈다. 그러한 용도로 철이 유용하게 사용되었다. 나무에 못을 박거나 새로 심은 과수나무 밑에 부러진 쟁기를 묻어 악을 쫓아냈다. 또 어떤 마녀도 소금 위를 밟을 수 없다고 믿었다. 십자화과(Cruciferae) 식물들은 꽃잎이 십자가 모양이므로 안전했지만, 흰색 식물은 기독교인에게 이교도 전통의 흰색 여신을 연상시키므로 불길한 존재로 여겨졌다. 특히 '악마의 올가미'로 알려진 독말풀(Datura stramonium)은 두려움의 대상이었다. 이 식물은 야간에 피며 나팔 모양의 꽃 형태만으로도 충분히 음산하지만, 이 독초의 진정한 힘은 독성이 강한 씨앗에 있다. 독말풀로 만든 술을 마시면 정신이 혼미해지고 미친 행동을 하다가 깊은 잠에 빠진다고 한다. 이 식물은 도둑들의 식물로도 알려져 있는데 피해자의 힘을 무력화시킨 뒤, 강도를 당한 후의 기억을 흐리게 만들기 위해 사용되었다고 전해진다.

마녀 빗자루의 손잡이는 보호를 위해 물푸레나무로 만들어졌다. 또 악령을 막기 위해 자작나무 잔가지를 버들로 묶었다. 이는 헤카테(Hecate) 여신을 숭배하는 의미도 담겨 있다. 이 빗자루는 부정적인 에너지를 제거하기 위해 의식 공간을 청소하는 데 사용되었지만, 교회는 그게 전부가 아닌 불순한 의도가 더 있을 거라고 생각했다.

마녀들이 '날아다닌다'는 개념은 중세에 확산되었다. 교회는 자신들이 직접 통제할 수 없는 사람들을 불신했고, 선전과 선동을 통해 일반인들을 교란시켰다. 결국 그로 인해 마녀에 대한 유구한 편집증이 시작된 것이다. 1451년에 발표된 '여성 용사'라는 시의 삽화에서 처음으로 마녀들이 빗자루를 타고 날아다니는 모습이 그려졌다. 이 작품은 풍자적인 성격을 띠고 있었다. 하지만 2년 후 그림은 풍자가 아닌 현실이 되는데, 파리 근교에 위치한 생제르맹앙레 수도원의 원장인 기욤 에들랭(Guillaume Edelin)이 고문을 받은 후 빗자루를 타고 날아다녔다고 자백했기 때문이다. 그는 마녀로 몰려 사형 선고를 받았으며, 처형되기 전에 감옥에서 사망한 것으로 알려졌다.

하지만 당시 '날아다닌다'는 말은 문자 그대로의 뜻과 다르게 해석되기도 했다. 사람들(특히 남성)은 날아다니는 마녀가 아닌 실제로는 '비행 연고'를 두려워했다. 이것은 환각성 약초로 만든 연고로 빗자루에 묻혀 생식기(그리고 겨드랑이와 같은 다른 점막)에 문지르면 날아가는 듯한 느낌을 주었다. 1500년대 초 스페인의 의사 안드레스 데 라구나(Andrés de Laguna)는 독당근, 벨라도나, 사리풀, 맨드레이크와 같은 약초로 이 연고를 만들어 '과학적' 실험을 진행했다. 그는 사형 집행인 아내의 머리부터 발끝까지 이 연고로 덮었고(보통 마녀가 사용했다고 알려진 양보다 훨씬 많은 양) 그녀는 36시간 동안 깊은 잠에 빠져들었다. 그녀는 불쾌한 기분으로 깨어났다. 꿈속에서 그녀는 세상의 모든 쾌락을 느꼈으며 심지어 남편 몰래 더 젊고 어린 연인과 바람을 피웠다고 주장했다. 이 일로 인해 남성들의 '비행 연고'에 대한 두려움이 더욱 커졌다.

← 쾰러의 '약용식물도감'에 수록된 아이슬란드 이끼(Cetraria islandica). 한때 스칸디나비아 전역에서 제빵과 다양한 의학적 치료에 사용되었다. 1887년.

가끔씩 마법 빗자루 없이도 기이한 행동이 일어났는데, 그런 경우 사람들은 당연히 흑마법을 탓했다. 동물도 식물도 아닌 신기한 곰팡이들은 관련 경험이 부족한 이들 눈에는 음식과 독이 혼합된 러시안룰렛처럼 보였을 테다. 일부 독버섯은 맛있는 버섯과 구별할 수조차 없는데, 어떤 독버섯들은 아예 눈에 보이지 않기도 한다.

이제야 알게 된 사실이지만 '성 안토니의 불'이라고 불리는 전염성 질병은 맥각균(Claviceps purpurea)이라는 곰팡이에 의해 발생한 것이다. 이 곰팡이는 주로 추운 겨울이 지난 후 습한 봄에 호밀에서 자라나는 것으로 알려져 있다. 호밀과 함께 나도 모르게 곰팡이를 섭취하면, 매우 끔찍한 결과를 초래할 수 있다. 환자들은 얼굴이 새빨갛게 변하며 환각, 작열감, 구토 심지어 혈액 공급이 차단되어 마비와 함께 피부 괴사가 발생한다. 맥각 중독은 17세기 미국 세일럼 마녀재판으로 이어진 집단 히스테리의 원인으로 지목되기도 했다. 또한 당시 프랑스 그르노블(Grenoble)에 위치한 성 안토니 수도회의 순례를 통해 이 질병이 치료된다는 소문이 돌기도 했다. 20세기 초에는 과학자들이 맥각병에 대해 진지하게 연구하기 시작했고, 1932년에는 강력한 현대 의약품으로 사용되는 에르고메트린 알칼로이드(alkaloid ergometrine)를 개발했다. 어둠의 정원에서 우리가 배울 것은 아직도 많이 남아 있다.

⬇ 청교도 목사인 코튼 메더(Cotton Mather)의 저서 '보이지 않는 세계의 신비'에서 빗자루를 탄 마녀들이 악마와 교제하는 모습을 그린 그림. 1693년.

특정한 녹색 액체로 병을 가득 채우고
…그들이 자신들에게 쏟아붓고 있던…
…는 독당근, 가지속, 사리풀, 그리고
맨드레이크 약초로 구성되었다.

쓴쑥

Wormwood · *Artemisia absinthium*

'압생트'는 단어만 들어도, '녹색 요정'이 만든 고뇌에 빠져 허우적대던 19세기 예술가들의 모습이 떠오른다.

마네의 유명한 1859년작 '압생트 마시는 사람'은 비참한 삶을 보여 준다. 그림은 칙칙한 갈색과 검은색으로 이루어져 있으며, 밝고 화려한 부분은 오직 반짝이는 크리스탈 술병뿐이다.

쓴맛에서 운향에 밀려난 쓴쑥은 언제나 날카로운 평판을 받아 왔다. 성서에 따르면, 에덴 동산에서 쫓겨날 때 뱀이 스친 땅에서 쓴쑥이 솟아났다고 전해진다. 이집트인들은 최초로 쑥을 장내 기생충을 쫓아내는 '구충제'로 사용했으며, 이로 인해 쑥의 영문명이 '기생충 나무'(Wormwood)가 되었다고 한다. 또한 악마가 내린 벌이라고 생각할 만큼 엄청나게 고통스러운 항문 통증 완화에도 사용되었다.

여신 아르테미스의 이름을 딴 아르테미시아(Artemisia, 쑥속 식물)는 히포크라테스가 생리통과 황달에, 디오스코리데스가 일반 건강 음료로, 갈레누스는 위장 이완 효과가 있다고 추천했다. 또한 아르테미시아는 백단향(Sandalwood)과 함께 태우면 죽은 자와 접촉할 수 있다고 여겨졌다. 플리니우스에 따르면, 전차 경주 챔피언에게 쓴쑥으로 만든 음료를 주어 영광과 함께 곧 쓴 괴로움이 올 수 있다는 것을 상기시켰다고 한다. 이 약초는 약제사의 강력한 무기였다. 고전적인 사용법 이외에도, 존 제라드가 기록한 '장내 기생충을 제거하는' 용도와 해독 작용을 하며, 무엇보다도 해롱을 쫓는 데 유용하게 사용되었다. 컬페퍼는 벌, 전갈, 뱀에 쏘였을 때 쑥이 소독 효과가 있다고 추천했다. 그는 또한 옷장에 쑥을 두면 "사자가 쥐를 경멸하고 독수리가 파리를 경멸하는 것만큼 나방이 옷을 경멸하게 한다."라고 표현하며 방충 효과를 강조한 바 있다.

쓴쑥과 쑥(Mugwort)을 함께 사용하면 영혼을 부를 수 있다는 소문도 돌았다. 물론 그것은 알코올 중독 증상의 하나일 수도 있다. 헨리에타 마리아 여왕(Queen Henrietta Maria)의 요리사로 알려진, 베일에 싸인 W.M.은 '여왕의 열린 옷장'(1655)에서 쓴쑥을 설탕으로 처리한 레시피를 수록했지만, 쓴쑥은 일반적으로 섭취하기에 위험한 약초로 알려졌다. 쓴쑥을 물, 와인, 브랜디와 섞은 술은 곧 인기와 명성을 얻게 되었다. 이것이 바로 그 유명한 술 압생트이다. 압생트는 중독성이 강하고 정신 착란 효과가 있어 19세기 프랑스, 영국에서 진이 그랬던 것처럼 무분별한 음용이 큰 문제를 불러 일으켰다. 1914년에 전국적으로 금지된 압생트는 21세기 초가 되어서야 해제되었다. 현재 유럽 지역 내 압생트 생산 및 판매는 EU에서 마련된 알코올 음료 규제법을 따르는 동시에 지역에 따른 차이가 있다.

➡ 쾰러의 '약용식물도감'에 수록된 쓴쑥. 1887년.

Artemisia Absinthium L.

SOLANACEÆ
Hyoscyamus niger (L.)
Henbane
NATURAL ORDER Solanaceae
DATE July 14th 1895
HABITAT Waste places at Folkestone.

사리풀

Henbane · *Hyoscyamus niger*

1910년, 악명 높은 살인자 크리펜 박사(Dr. Crippen)는 강력한 마취제인 히요신(hyoscine)을 사용하여 아내를 독살한 혐의로 유죄 판결을 받았다.

해당 약물은 아내의 시신에서 발견되었다. 박사는 이 약물을 구매한 전적이 있었고, 그가 소지했던 의약물 목록에도 많은 양의 독성 물질이 있었지만 박사는 그 용도에 대해 설득력 있는 주장을 제시하지 못했다.

히요신은 가장 치명적인 식물 중 하나인 사리풀에서 추출된다. 섭취했을 때 증상은 섬망, 언어 손실 및 마비가 있다. 퇴비 근처에서 자라는 것으로 알려져 있고 '악마의 눈', '냄새나는 로저', '돼지콩'이라고도 불린다. 심지어 외형도 의심스럽게 생겼다. 털이 많은 잎, 썩은 것처럼 보이는 보라색 정맥이 있는 꽃, 태우면 유독하고 악취가 나는 두껍고 하얀 뿌리가 특징이다. 그러나 약초학자들은 해로운 식물도 다 쓰임이 있다고 믿었다. 디오스코리데스는 이 식물을 태운 연기가 진통제로서 기능한다고 믿었으며, 로마인들은 분만 시 통증 완화에 사용했다.

중세 교회 사람들은 마녀가 사리풀을 태워 영혼을 불러내고, 예지력을 얻는다고 의심하며 조심스러운 태도를 취했지만, 다른 이들은 이 식물이 마녀의 악행을 막을 수 있다고 생각했다. 사리풀은 진통제로서 매우 유용하게 사용되었지만 그만큼 위험했다. 시골 사람들은 치통을 낫게 하기 위해 이것을 담배처럼 피우곤 했는데, 독성으로 경련을 일으키기도 했다. 사리풀의 이런 위험성을 간과한 채 진통제로 팔아먹는 사기 행각이 이어졌고, 존 제라드는 이에 대해 맹렬히 비난했다.

돌팔이 치과 의사들은 환자들이 사리풀 연기를 들이마시면 치아를 갉아먹는 벌레를 죽일 수 있다고 말하곤 하였다. 독성으로 인해 통증이 일시적으로 마비되었을 때 의사의 조수가 환자에게 입을 헹굴 컵을 건네주었다. 환자는 침을 뱉을 때 '죽은 벌레'가 나온 것을 보고 기뻐했지만, 그들이 뱉어낸 것은 사실 잘린 류트(lute, 현악기의 일종) 줄이었다. 컬페퍼 역시 사리풀을 사용하는 데 신중한 태도를 보였지만, 체외에 발랐을 때 진통 효과가 있어 유용할 수 있다고는 인정했다. 예를 들어, 따뜻하게 데운 사리풀은 고환이나 여성 유방의 부종을 완화할 수 있었다. 와인에 끓인 잎은 눈의 염증, 통풍, 좌골 신경통 및 일반적인 관절통을 진정시키는 효과가 있으며, 식초와 혼합하여 관자놀이에 바르면 두통이 완화되었다. 같은 혼합물을 사용해서 족욕을 하면, 불면증 치료에 효과가 있었다.

사리풀은 절대 체내로 섭취하면 안 되었다. 컬페퍼는 이 독초에 중독된 운 나쁜 사람들을 위한 해독제로 염소 우유, 꿀, 물, 겨자씨 등을 나열했지만 결과에 대해 낙관적인 견해를 가지지는 않았다.

⬅ 큐 왕립 식물원에서 채집된 사리풀 식물 표본 시트. 1895년.

벨라도나

Deadly nightshade · *Atropa bella-donna*

치명적인 벨라도나는 아름다운 식물이다. 예뻐도 너무 예쁘다. 짙은 보라색의 종 모양 꽃은 눈을 뗄 수 없을 만큼 아름다우며, 수분이 많은 푸르고, 빨갛고, 까만 열매는 달콤하고 맛있어 보인다.

허나 겉모습에 속아서는 안 된다. 아트로파 벨라도나에 대해 알아야 하는 모든 것은 라틴어 이름에 담겨 있다.

아트로포스(Atropos)는 그리스 신화에서 세 명의 모이라이(Moirai), 즉 운명의 신 중 가장 나이가 많은 신이다. 첫 번째 자매인 클로토(Clotho)가 인간의 생명 실을 짜고, 두 번째 자매인 라케시스(Lachesis)가 그 길이를 측정하면 '단호한' 아트로포스가 그 실을 끊어 버린다. 로마에서는 죽음의 여신인 모르타(Morta)가 아트로포스와 같은 일을 한다.

벨로나(Bellona)는 로마 신화에서 전쟁의 여신으로 이 식물과 관련이 있다. 벨라도나의 라틴 이름 두 번째 부분은 베네치아 여성들이 이 식물을 눈에 한 방울씩 떨어뜨리는 습관에서 유래했다. 동공이 확장되어 벨라도나(아름다운 여자를 뜻함)처럼 더 매력적으로 보였을 것이라 추정된다. 하지만 실제로는 식물에 함유된 진정제인 아트로핀(atropine) 때문에 그들은 오히려 크고 아름다운 눈이 아닌 넋이 나간 멍한 표정이었을 가능성이 더 높다.

아트로핀은 심한 발한, 구토, 호흡 곤란, 환각, 혼수 상태에 이어 사망에 이를 수도 있다. 벨라도나는 토마토, 감자, 가지, 고추 및 피망과 같은 가지과에 속해 있지만 이 식물의 모든 부분에 독성이 있다. 실제로 토마토가 유럽에 처음 소개되었을 때 사람들은 앞선 이유로 의심스러운 태도를 보였다.

벨라도나와 관련된 좋은 민담은 거의 없다. 이 식물의 독성 때문에 어떤 미화도 하지 않는 것이 중요했기 때문이다. 맛있어 보이는 반짝이는 열매는 특히 아이들에게 위험했다. 아이들은 그 열매를 따면 악마를 만나게 될 것이라고, 혹은 열매를 따는 행위 자체로 죽을 수도 있다고 주의를 들었다. 실제로 이 열매 세 알만으로도 어린이가 사망할 수 있다고 전해진다.

벨라도나는 셰익스피어의 맥베스에서 '미친 뿌리'로 언급되었으며, 마녀들의 날아다니는 연고에 들어가는 성분 중 가장 강력하다고 알려졌다. 이 식물은 독화살을 만들 때 사용되었으며, 고대 로마 황제인 아우구스투스(Augustus)에서 클라우디우스(Claudius)까지 로마 황제를 죽이는 데 사용되었다고 한다. 그럼에도 불구하고, 일부 현대 약물에서는 매우 극소량 사용되고 있다.

벨라도나와 이름이 비슷하며 보라색 별 모양 꽃과, 토마토와 비슷한 열매가 무리지어 매달린 형태로 달린 솔라눔 둘카마라(Solanum dulcamara)와 헷갈려서는 안 된다. 솔라눔 둘카마라는 사촌만큼 독성이 있지는 않지만, 그럼에도 끔찍한 복통을 유발하며, 섭취 시 의료 처치를 받아야 한다.

➡ 영국의 식물학자 제임스 소워비(James Sowerby, 1757-1822)의 저서 '영국 식물학'에 나온 벨라도나. 1791년-1814년.

592.

Atropa Belladonna. Deadly Nightshade.

Wallich 1828
East Ind. Co.
Aconitum ferox, Wall.

아코니툼

Monkshood · *Aconitum napellus*

아코니툼은 아코나이트라고도 불리며 적어도 100여 종의 아코니툼이 있다. 하지만 어느 하나도 친근하지 않다.

아코니툼은 미나리아재비과에 속하며, 모든 부분에 털이 없고 독성을 지니고 있다. 다년생 식물로 잎이 갈라지며 푸른 보랏빛 꽃이 핀다. 이것에 중독되면, 복통 및 현기증을 유발하며 치명적일 수 있다. 또한 심장에도 영향을 미치지만, 다행인 점은 맛이 매우 끔찍해서 실수로 중독되는 경우는 드물다. 사람들은 고대부터 이 위험한 식물에게 경외심을 가져왔다.

그리스 신화 속 저승의 신 하데스 주변에서 서식한다고 알려진 아코니툼은 머리가 세 개인 개 케르베로스(Cerberus)의 침에서 솟아났다. 질투심이 많은 여신 아테나는 처녀 아라크네에게 아코니툼 즙을 뿌려 거미로 변하게 만들었다. 또한 그리스의 키오스 섬에서는 노인에게 안락사의 형태로 이 독초를 제공한다고 전해졌다.

힌두 신화에서 이 식물은 신성한 식물로 전해지는데, 시바(Shiva) 신이 세계를 구하기 위해 독성이 있는 아코니툼을 마셨기 때문이다. 그로 인해 시바 신이 파랗게 변했고, 입에 들어가지 못한 몇 방울이 땅에 떨어져 아코니툼이 되었다는 이야기가 있다. 북유럽 민담에서는 토르 신의 식물이라는 주장이 있으며, 또 다른 북유럽 전설에서는 여신 헤카테의 여러 가지 역할 중 일부가 이 식물과 관련이 있다고 전해진다.

아코니툼을 잘못 섭취하면 마치 피부에 털이 나는 듯한 느낌이 들며, 간지러움을 느낀다고 한다. 이는 '버서커'(곰을 뜻하는 'ber'와 셔츠를 뜻하는 'serkr'에서 유래)를 자칭한 강력한 바이킹 전사들이 '늑대의 독'을 섭취하여 늑대 인간으로 변신했다고 주장했던 것과 연관이 있을 수 있다. 이 식물의 다른 라틴어 이름인 아코니툼 리콕토눔(Aconitum lycoctonum)은 '늑대 살인자'라는 뜻이다. 쌀알의 50분의 1 크기만 있으면 참새 한 마리를 죽일 수 있다고 하며 앵글로-색슨족 사냥꾼들은 늑대를 쫓기 전 아코니툼을 화살 끝에 묻혔다고 한다. 알래스카의 특정 지역에서는, 고래 작살에 바른 독으로 아코니툼을 사용하였다.

중세 교회에서, 이토록 위험한 식물은 마녀의 주술과 관련이 있어야만 했다. 피부에 문지르면 마비 증상을 일으키고, 섭취하면 심장이 빨리 뛰며 벨라도나와 함께 '악마의 투구'로 불리며 몸이 붕 떠 있는 정신 착란을 일으킨다. 그래서 아코니툼은 날아다니는 마녀 연고의 전통적인 성분으로 알려지게 되었다.

컬페퍼는 이 독초를 처방하는 데 주저했지만, 독사에 물렸을 때 바르는 로션으로 노란 꽃이 피는 아코니툼 안토라(Aconitum anthora)가 유용하다고 권했다. 이 아코니툼은 '건강에 좋은 늑대 독'이라고 불렸다.

⬅ 큐 왕립 식물원의 월리치 컬렉션 인도 식물 섹션의 인도 아코니툼. 1828년.

가시자두

Blackthorn · *Prunus spinosa*

가시자두는 우리 중 다수가, 특히 진 애호가로 알려진 사람들이 여전히 즐겨 찾는 몇 안 되는 울타리 식물 중 하나이다.

가시자두의 검은색 열매는 톡 쏘는 신맛이 있지만, 주류와 완벽한 조화를 이루어 전통적인 진의 특별한 맛을 선사한다.

가시자두 혹은 야생자두라는 이름처럼, 가시가 많은 이 식물은 마녀의 주술과 관련되는 등 끔찍한 평판을 가져야만 할 것 같다. 하지만 이 식물은 주로 행운의 식물으로 여겨졌으며, 때로는 동화에서 영웅적인 모습으로 묘사되기도 한다. 아일랜드 민담에서는 영웅이 '가시자두'를 던져 울타리를 만든 뒤, 사악한 추격자가 쫓아오지 못하게 만들었다. 동화 '잠자는 숲속의 미녀'에서도 가시자두 덤불이 작은 도움을 주었다. 또 동화 '라푼젤'에서는 왕자가 가시자두의 날카로운 가시에 찔려 눈이 멀었다고 추정되기도 한다.

많은 전통적인 덩굴 식물과 마찬가지로, 가시자두는 좋은 의미와 나쁜 의미 모두 가지고 있다. 이 식물의 별칭인 '어두운 숲의 늙은 여인'은 비밀의 수호자로 아마도 켈트족의 겨울 여왕인 카일리치(Cailleach)에서 유래한 이름일 것이다. 그럼에도 불구하고, 이 간결한 꽃들은 벚꽃을 상기시키며(흰색이라 실내에서는 불운으로 여겨짐에도) 달력이 바뀌기 전인 1월의 구 성탄절에 핀다고도 전해졌다. 일부 지역에서는 '가시자두 겨울'(봄이 시작된 후 비정상적으로 추운 날씨가 찾아오는 현상)엔 보리를 심기에 좋다고 여겨졌다.

이 식물의 가시는 마녀가 밀랍 인형을 찌르는 데 사용했다고 전해진다. 1670년, 스코틀랜드에서는 토마스 위어 소령(Major Thomas Weir)이 마녀로 몰려, 그의 가시자두 지팡이와 함께 화형당했다. 그의 유령은 여전히 그 지팡이를 들고 다닌다고 전해진다. 그러나 가시자두의 이미지를 섣불리 결론짓는 데는 주의가 필요한데 가시자두 나무로 만든 지팡이는 고위 직책의 상징이기도 했기 때문이다. 가장 유명한 것은 영국 상원의 경비병, 또는 여성 의원과 남성 의원이 가지고 다니는 검정 지팡이였다. 이 역할은 1348년 에드워드 3세가 무질서한 기사단 사이에서 평화를 유지하기 위해 만들었다. 초대 기사단은 평범한 가시자두 지팡이를 가지고 다녔으며 오늘날에는 더 화려해졌다. 아일랜드에서는 무시무시한 전통 무기인 실레라흐(shillelaghs)가 가시자두 뿌리로 만들어졌다. 가시자두는 또 가끔씩 점술용 막대로도 사용되었다. 나무 껍질은 가루로 만들어 열을 내리는 용도로 섭취하였고, 부드러운 검은 열매는 주스 형태로 자주 섭취하였다. 일반적으로 첫 서리가 내린 후 수확하여 껍질을 벗긴 가시자두로 진한 보라색과 분홍색 염료를 만든다. 고대 그리스 의사 안드로마쿠스(Andromachus)는 이질에 가시자두 주스를 처방했고, 컬페퍼도 위장의 흐름을 개선하는 효과가 있다고 했다. 이 식물은 수축 효과가 있어, 이가 흔들릴 때 구강 청결제로 사용하였고, 이뇨 작용도 있었다. 지나친 섭취는 독성이 있을 수 있지만, 생으로 먹으면 쓴맛이 강했기 때문에 사고가 날 가능성은 적었다.

➡ 19세기 식물학자 O.W. 토메(O.W. Thomé)의 저서 '독일, 오스트리아 및 스위스의 식물상'에 나온 가시자두 그림. 1885년.

XII, 1.
105. Rosaceae. 1. Pruneae.
1
2
3
4
5
6
7
8
9
10
A
B
394. Prunus spinosa L.
Schlehdorn.

AGARICINÉES.

AMANITA MUSCARIA. Fr.

½ Gr. n^lle.

광대버섯

Fly agaric · *Amanita muscaria*

균류는 동물도 식물도 아닌 이상한 것이다. 더 큰 유기물 또는 흙을 통해 번식하는데, 죽은 나무에서부터 동물의 피부까지 다양한 유기물 속에서 과실체를 형성한다.

균류들은 신비롭게 나타났다가 사라지기 때문에, 종종 '요정의 반지'라 불린다. 번개가 친 곳에서 자란다고 전해지며 종종 신성한 존재로 간주되었다.

일부 유독한 균류는 식용으로 위장한다. 알광대버섯(Amanita phalloides)은 전 세계에서 치명적인 독소 중 하나이지만 완전히 자라기 전에는 정상적인 버섯하고 똑같이 생겼다.

다른 균류는 심지어 먹지 못하게 생긴 것도 있다. 광대버섯은 종종 신들의 음식이라고 전해졌다. 이는 인간을 위한 것이 아니었다. 이 균류는 동화 속 '요정'을 상징하는 독버섯으로 고대 문서에 나오는 신들의 음식 묘사와 맞아떨어졌다. 또 힌두교에서 '소마'는 인도에서 가장 오래된 경전인 리그베다의 찬송가에 나오는 신들의 음료이다. 어떤 식물로 만들었는지 확인되지 않았지만, 균류로 추정되는 식물의 즙을 짜 양털을 통해 거른 후, 신에게 바쳤다. 일부는 광대버섯이 그리스 신의 음식인 '암브로시아'의 주재료라고 주장하기도 한다.

시베리아의 코랴크족(The Koryak people)은 민중 영웅인 큰까마귀와 그의 형제인 고래에 관한 이야기를 전한다. 고래가 진흙에 갇혔을 때 하늘의 신인 바히인(Vahiyinin)이 그에게 '와파크'(Wapaq, 대지 정령)를 먹으라고 말한다. 와파크는 작은 빨간색 모자에 흰 점이 있는 형상이었다. 큰까마귀는 광대버섯을 와파크라 생각하고 먹었다. 그 후 날 수 있는 힘이 생긴 그는 거대한 가방 안에 고래를 실어 바다로 돌려보냈다. 큰까마귀는 균류의 유용성에 감명받아 그것을 남겨 두었고, 자녀들이 이를 먹음으로써 질병을 치료하거나 꿈의 의미를 발견할 수 있도록 했다. 광대버섯은 강력한 환각제로 알려져 있으며, 안전을 위해 인간 샤먼이 버섯을 먼저 먹고 나서 다른 이들이 그의 소변을 마시는 방법으로 섭취하였다. 광대버섯이 바이킹족인 '버서커'의 무절제한 행동을 설명할 수 있는 원인이라는 의견도 있으며, 로마의 광신적 종교 집단들이 환각 작용을 위해 이 버섯을 섭취했다는 설도 제기되었다.

균류를 섭취하려는 이들은 대담해야만 했다. 균류는 너도밤나무, 자작나무, 침엽수를 포함한 삼림지대에서 발견되며, 늦여름과 가을부터 첫 서리가 내리기 전까지 번식한다. 광대버섯은 정신 활성화 물질인 이보텐산(ibotenic)과 진정 및 수면 효과가 있는 무시몰(muscimol)을 함유하고 있다. 섭취 시 생생한 꿈이나 무게가 느껴지지 않는 기분과 함께 매우 불쾌한 증상이 동반된다. 이어서 일관성 없는 말, 구토, 설사, 빠른 호흡, 느린 맥박, 현기증, 졸음, 두통, 발작, 섬망, 심지어 혼수상태 또는 사망에 이르는 위험한 증상이 나타날 수도 있다.

← 환각을 일으키고 독성이 있는 버섯의 한 종류, 광대버섯.

맨드레이크

Mandrake · *Mandragora officinarum*

맨드레이크는 중세 약초에 속하는 모든 식물 중 가장 상징적인 식물로, 해리 포터 팬들뿐만 아니라 많은 사람들에게 인기가 있다.

중세 예술가들은 이 식물이 장미 모양의 잎에 보라색 꽃이 피고 주황색 열매가 열린다는 사실보다 '인간을 닮은' 모양의 뿌리를 가졌다는 점을 더 즐겨 묘사했다. 때문에 '사탄의 사과' 혹은 '악마의 순무'라고 불리는 맨드레이크에 대한 시각적 해석은 수십 가지가 있다. 맨드레이크가 땅에서 뽑힐 때 나는 비명 소리가 수확자를 미치게 할 수 있어 개를 맨드레이크에 묶은 후 겁을 줘서 뿌리가 도망가도록 만든 뒤 땅에서 뽑아야 한다고 전해진다. 물론 이런 이야기는 전문적인 뿌리 채집가들이 일을 뺏길까 봐 지어낸 허구의 이야기다.

그리스인들은 맨드레이크에 히요신과 히요스시아민이 함유되어 있어 마취제로 사용했다. 이 식물은 교수형에 처해진 남자의 떨어지는 '체액'에서 솟아났다고 전해지며, 그 모습은 뿌리 모양에 영원히 새겨졌다. 약징주의에 따라, 이 식물의 뿌리는 깜짝 놀랄 정도로 못생긴 아기와 닮았으며, 그 이유로 베개 밑에 두고 자면 임신에 도움이 된다고 알려졌다. 일반적으로, 뿌리는 행운의 부적으로 여겨지기도 했는데, 정직한 사람이 물어본다면 숨겨진 보물의 위치를 알려줄 것이라고 전해졌다. 컬페퍼는 비록 보물을 찾지 못하더라도, 이 식물의 잎이 '차갑게 하는' 성질을 가졌으며 강력한 구토제로 사용할 수 있으니 실망하지 말라고 했다.

그러나 맨드레이크는 구하기가 쉽지 않았다. 영국의 펜스 지역에서는 '비너스의 밤' 행사를 열어 누가 가장 여성을 닮은 뿌리를 찾을 수 있는지 대회를 열기도 했다. 또 어떤 이들은 보다 필사적으로 맨드레이크를 찾아 헤맸다.

사기꾼들은 지역 박람회에서 자녀를 갖기 원하는 여성들에게 '맨드레이크'를 팔아 호황을 누렸다. 판매된 것들은 주로 모양이 이상한 순무를 깎아 만든 가짜였다. 때로는 풀씨를 채워 마술처럼 '머리카락'이 돋아나게 만들기도 했다. 다른 사기꾼들은 뿌리 주변에 조잡한 점토를 붙여 다시 땅에 묻은 뒤 사람들이 기적처럼 '맨드레이크'를 발견하도록 조작했다. 이들에게 속은 사람은 사기꾼들이 뿌리가 남긴 구멍으로 떨어져 곧장 지옥으로 향하기를 바랐다.

영국 맨드레이크(Bryonia cretica subsp. dioica)는 길가에 자라는 덩굴 식물로, 전혀 다른 종류이며 훨씬 더 치명적인 종이다. 컬페퍼는 "무분별한 복용을 삼가라."라고 경고했다. 그렇지만 적정량을 사용한다면 뇌전증, 마비, 경련 및 부종에 유용하다고 전했다. 또한 낙태약으로 사용되기도 하였다. 두 식물 모두 오늘날에는 사용이 권장되지 않는다.

➡ 15세기 독일의 인쇄업자 야곱 마이덴바흐(Jacob Meydenbach)의 '건강의 정원'에 나온 맨드레이크. 1485년.

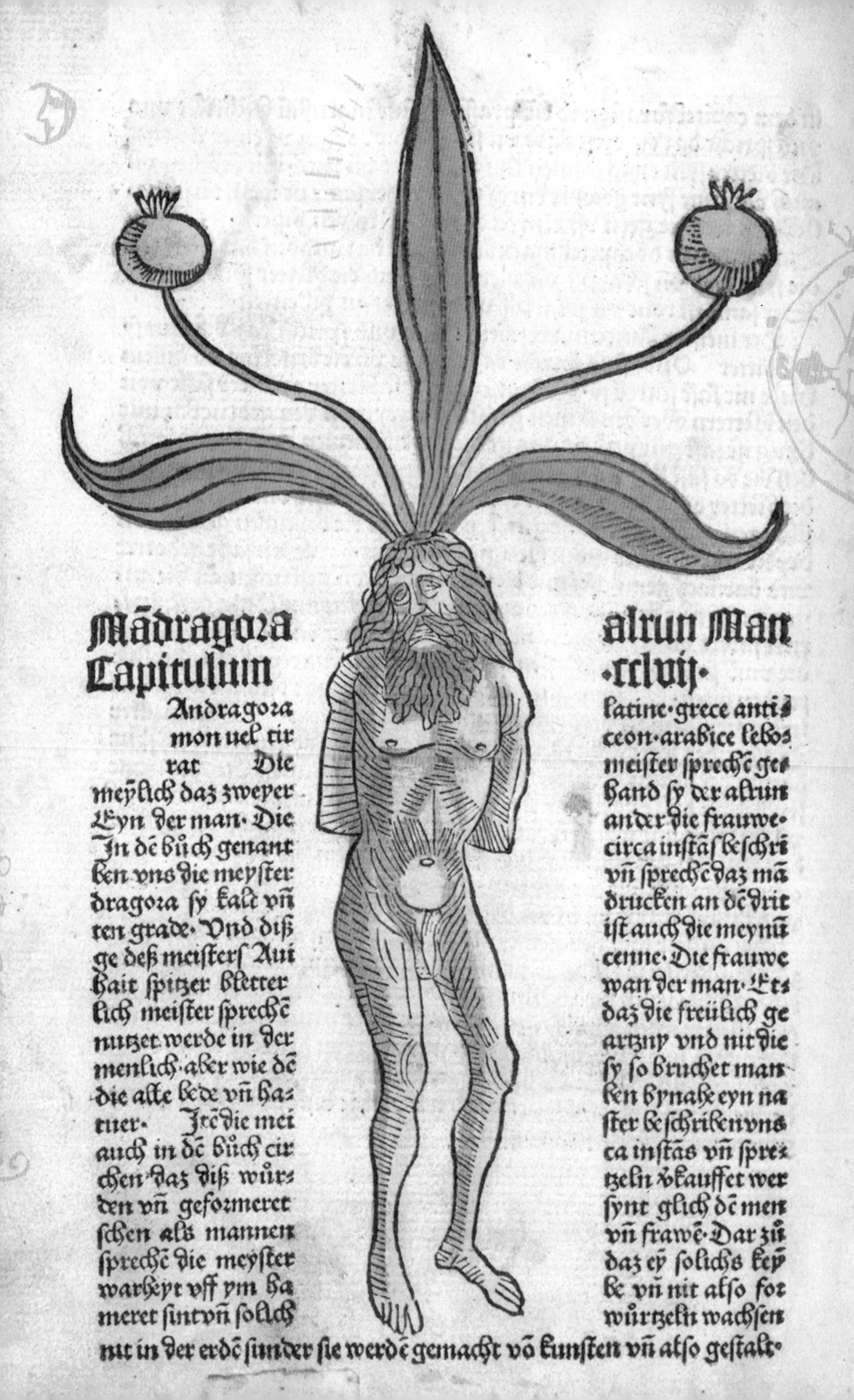

Mādragora
Capitulum
Andragora
mon uel tir
rat Die
meyſlich daz zweyer
Eyn der man. Die
In dē bůch genant
ben vns die meyſter
dragora ſy kalt vn̄
ten grade. Vnd diß
ge deß meiſters Aui
hait ſpitzer bletter
lich meiſter ſprechē
nutzet werde in der
menlich. aber wie dē
die alte bede vn̄ ha
tuer. Irē die mei
auch in dē bůch cir
chen daz diß wür
den vn̄ geformeret
ſchen als mannen
ſprechē die meyſter
warheyt vff ym ha
meret ſint vn̄ ſolich

alrun Man
.cclvij.
latine. grece anti
ceon. arabice lebo
meiſter ſprechē ge
hand ſy der alrun
ander die frauwe.
circa inſtās beſchri
vn̄ ſprechē daz mā
drucken an dē drit
iſt auch die meynū
cenne. Die frauwe
wan der man. Es
daz die freülich ge
artzny vnd nit die
ſy ſo bruchet man
ſen bynahe eyn na
ſter beſchriben vns
ca inſtās vn̄ ſpre
tzeln v̄kauffet wer
ſynt glich dē men
vn̄ frawē. Dar zů
daz ey ſolichs key
be vn̄ nit alſo for
würtzeln wachſen

nit in der erdē ſunder ſie werdē gemacht vō kunſten vn̄ alſo geſtalt.

10장

희망의 식물

옛날이야기 속에서 많은 꽃들이 불길한 재앙을 의미하기도 하지만 행운과 희망을 뜻하는 식물도 많았다. 연인을 맺어 주는 허브에서부터 슬픔을 위로해 주는 꽃까지, 이들은 기쁨의 꽃이다.

봄은 그 자체로 희망을 안겨 준다. 새로운 생명과 따뜻한 날들이 다가오리라는 희망.
곧 열매 맺는 시기를 기대하며 우리는 기쁨을 주는 식물들을 보기 위해 자연을 찾게 된다.
겨울은 먼 과거가 되고, 기억 속에 남을 뿐이다.

봄은 그 자체로 새로운 생명과 따뜻한 날들에 대한 희망을 가져다 준다. 전통적으로, 벌거벗은 나뭇가지에서 이른 시기에 피어나는 작은 꽃들은 좋은 징조로 여겨졌다. 여려 보이는 모습보다 사실은 강한, 설강화는 꽁꽁 얼어붙은 땅을 뚫고 피어난다. 그래서 불어로 'perce-neige' 눈을 뚫고 나온 꽃, 즉 눈꽃이라 불린다. 설강화는 순수와 강인함의 상징이다. 오늘날에도 이 꽃은 희망을 의미하며 꽃에서 추출되는 알칼로이드 성분으로 만든 처방약인 갈란타민(galantamine)은 알츠하이머를 앓고 있는 환자들을 치료하는 데 사용되기도 한다.

마오리 사람들에게 고사리는 새 생명과 새로운 시작을 의미한다. 지금까지도 뉴질랜드 마오리족을 대표하는 국가대표 럭비팀 올블랙의 상징으로 은색 고사리 문양이 사용되고 있다. 일본에서는 고사리가 가정에 새 생명을 가져다 준다고 생각하기도 한다.

클로버(Trifolium)은 아일랜드의 성 패트릭(St Patrick)과 관련이 있는데, 그는 그의 추종자들에게 성 삼위일체 교리를 가르치기 위해서 세잎클로버를 사용하였다. 하지만 클로버에서 네 잎이 자라면 그것은 마법의 식물이 되었다. 스칸디나비아에서 동유럽에 걸쳐 이어지는 전통에 따르면 암말이 첫 번째 망아지를 낳거나 아니면 망아지가 첫 번째 재채기를 한 곳에서 네잎클로버가 자란다고 한다. 네잎클로버를 의도적으로 찾는 것은 의미가 없으며, 물론 찾는다고 해서 찾아지지도 않을 것이다. 하지만 우연히 발견한 사람은 요정을 볼 수 있거나, 마녀를 물리칠 수 있거나 마법을 풀 수 있다. 잉글랜드의 케임브리지셔(Cambridgeshire) 지역에서 소녀들은 네잎클로버를 신발에 넣는 모험적인 행동을 하기도 한다. 그러면 그 신발을 신고 만나는 첫 번째 남자와 결혼을 하는 것이다. 오늘날에는 '네잎클로버'를 사는 것이 가능하지만 그것들은 주로 괭이밥의 교잡종이다.

희망을 상징하는 모든 식물들이 봄과 여름에만 피어나는 것은 아니다. 중국과 일본에서 국화는 추앙받는 꽃이다. 전설에 따르면, 어느 신령이 한 여자에게 결혼식에서 드는 꽃의 꽃잎 수만큼 결혼 생활이 오래 지속될 수 있다고 알려 주었다. 그녀는 국화를 선택한 후 각각의 꽃잎을 분리하였고, 결국 68년 동안 행복한 결혼 생활을 누릴 수 있었다.

가장 유명한 희망의 상징은, 창세기 대홍수 이후 비둘기가 노아에게 전해 준 올리브 가지이다. 비둘기가 가지고 온 올리브 가지는 신앙을 가진 사람들에게 하나님의 평화를 상징한다. 이교도인의 전통에 따르면 첫 번째 올리브 나무는 아테나 여신이 그리스인에게 주었다. 기원전 480년, 테르모필레(Thermopylae)의 전투가 끝나고 아크로폴리스(Acropolis)는 크세르크세스(Xerxes)의 군대에 의해 불태워졌다. 모든 희망이 사라졌지만 그 다음 날, 새까맣게 탄 신성한 올리브 나뭇가지에 새싹이 피어났다. 그 씨앗은 널리 퍼져 가면서 그리스에 더 좋은 날이 올 것이라는 약속을 상징했다. 세상의 모든 식물들이 이런 행복한 소식을 전하는 전령사가 되기를 바란다.

➡ 올리브는 아마도 가장 보편적으로 알려진 평화와 화해의 상징 중 하나일 것이다.

a. Trifolium montanum flore albo. b. Trifolium montanum spica longissima. c. Trifolium pratense album. d. Trifolium pratense rubrum. e. Trifolium pratense folliculatum. f. Trifolium vesicarium purpureum. g. Trifolium siliquosum.

X.

⬅ 요한 빌헬름 바인만(Johann Wilhelm Weinmann)의 저서 '독일 식물 도감'에 수록된 흰색 클로버. 1737년. 이 식물은 마녀와 요정들을 쫓아내 준다고 알려져 있다.

⬆ 국화. 1897년. 국화는 중국 전설에 따르면 행복한 결혼과 연관이 있다.

아이리스

Iris · *Iridaceae*

**그리스 여신 아이리스의 주된 일은 헤라 여신을 섬기는 것이었다.
하지만 아무도 그녀를 그렇게 기억하지 않았다.**

아이리스는 무지개가 의인화된 여신이자 전령사로 잘 알려져 있으며 예술 작품에서 아름다운 날개를 단 모습으로 묘사되곤 했다. 다른 신들은 아이리스 여신이 신성한 선서를 하는 성수를 가지고 다닌다는 이유로 그녀를 불편해했다. 하지만 죽음을 앞둔 여성들은 그녀를 저승의 안내자라고 여기며 숭배했다. 이런 이유로, 그녀의 이름을 딴 꽃이 희망의 상징으로 고대 그리스 무덤 주변에 심어지게 되었다.

붓꽃과(Iridaceae family)는 크로커스(Crocuses)와 프리지아(Freesias)뿐만 아니라 많은 품종의 아이리스를 포함한다. 습지 또는 강가 외곽에서 발견되는 작은 야생 품종에서부터 더 크고, 가냘프고, 까끌거리는 독일 붓꽃도 붓꽃과에 속한다. 고대부터 인기 있는 식물인 아이리스는 이집트인의 무덤에도 그려져 있고, 고대 그리스인과 로마인들도 사용했다.

많은 아이리스 종들이 있지만, 가장자리가 노란색인 '노랑꽃창포'(Iris pseudacorus)나 멋진 이름을 가진 '악취 나는 글래드윈'(stinking gladwyn, 고어(古語)로 '검'에서 유래했다) 같은 종들을 포함하여 대부분의 아이리스는 길이가 길고 칼날 모양의 잎을 가지고 있으며, 잎이 없는 줄기에 꽃이 피고, 또 다육질의 뻗어나가는 구근을 공통적으로 가지고 있다.

과거에는 뱀에 물린 상처, 기침, 거농증의 치료법으로 사용되었고 입 냄새 제거를 위해 씹기도 했다. 이러한 아이리스는 나중에서야 의학적으로 재평가받았다. 이 식물의 진정한 소명은 붓꽃의 뿌리를 뜻하는 오리스 뿌리(Orris root)로 사용되는 것이었다. 그리스인과 로마인이 발견한 오리스 뿌리는 지금도 향수 산업에서 상당히 많이 사용되고 있다. 고대 사람들은 얼굴과 몸에 파우더 형태로 사용했으며 중세 시대에 이르러서는 리넨에 뿌려졌다. 오늘날에는 하이엔드 향수, 드라이 샴푸로 사용된다. 하지만 이것은 처음 수확 시에는 무향이기 때문에 항상 매우 비싸게 거래된다. 건조된 구근이 달콤한 꽃향기를 짙게 낼 수 있게 되기까지는 3-4년이 걸린다. 오리스 뿌리는 가끔씩 오리스 오일의 형태로 증류되는데 향기가 매우 환상적이었고, 다른 향을 오래 유지하는 데 사용한다.

아이리스는 또한 유명한 백합 문양(heraldic fleur-de-lis)에 영감을 주었다고 알려져 있다. 전설에 따르면, 프랑스 왕 루이 7세는 1137년 십자군 원정을 떠나기 전에 아이리스 꿈을 꾸었다고 한다. 이를 바탕으로 'fleur de Louis'(루이의 꽃)은 'fleau de luce'(루스의 재앙)이 되었고, 마침내 'fleur de lis' 즉, 플뢰르 드 리스(프랑스의 백합)가 되어 널리 쓰이고 있다. 일부는 이 말의 뜻이 번영, 왕권, 용맹을 의미한다고 이야기한다. 하지만 그보다 세 장의 꽃잎은 신념, 자비 그리고 희망을 뜻하는 말로 더 자주 사용된다.

➡ 독일의 기록학자 세바스찬 셰델(Sebastian Schedel)과 식물도감 작가인 바실리우스 베슬러(Basilius Besler)의 달력에 있는 아이리스. 1610년.

편집 노트

본 도서에 수록된 식물의 이름은 〈국가표준식물목록〉을 기준으로 명명하였다. 한글명을 우선시하였으나 한글명이 일반 대중에게 낯설고 발음이 어려울 경우, 또는 한글명에 비해 영문명이 직관적이고 대중적일 경우에는 영문명으로 표기하였다. 한글로도 영문으로도 식물의 이름이 불명확할 경우, 학명을 음차하여 표기하였다.

참고 문헌

위 작업을 위해 인용된 모든 책과 논문을 나열하는 것은 불가능하지만, 가장 유용하게 참고한 도서와 논문의 목록들을 소개한다. 아쉽게도 이 목록에 있는 많은 책들이 절판되었지만, 중고로 비교적 쉽게 구할 수 있다.
*참고 도서 목록의 주요 인물명은 음차하여 기록하되, 도서나 논문 등 참고 자료의 명칭은 혼동을 피하기 위해 영문으로만 표기하였다.

Vickery Folk Flora(Orion, 2019)는 식물학자이자 민속학자인 로이 비커리Roy Vickery의 웅장한 삶의 작품이다. 비커리는 또한 **Plant-lore.com**과 Folklore Society의 1985년 작품인 **Unlucky Plants**에 기여하였다.

마거릿 베이커Margaret Baker는 **The Gardener's Folklore**(David & Charles, 1977)를 비롯한 여러 중요한 민속학 책의 저자이다. 그녀의 **Discovering the Folklore of Plants**(Shire Publications, 1969)는 작지만 훌륭한 정보가 가득한 책이다.

크리스 하우킨스Chris Howkins의 이름이 있는 모든 것은 읽을 가치가 있다. 그의 자체 출판 시리즈는 종종 개별 나무에 대해 논하며, 예를 들어 **Rowan, the Tree of Protection**(1996), **Elder, the Mother Tree of Folklore**(1996) 그리고 **Holly, a Tree for All Seasons**(2001) 등이 있다. 또한 **A Dairymaids' Flora**(1994)와 **Valuable Garden Weeds**(1991)도 매우 가치 있는 자료이다.

루쓰 바이니Ruth Binney의 작업은 꼼꼼하고 매력적이다. 그녀가 쓰는 것은 무엇이든 읽을 가치가 있지만, 특히 **Plant Lore and Legend**(Rydon, 2016)에 대해 감사를 전한다.

니얼 에드워시Nial Edworthy의 **The Curious Gardener's Almanac–centuries of practical garden wisdom**(Eden Project, 2006)는 실로 현명한 독서 경험을 제공했다.

엘리너 싱클레어 로데Eleanour Sinclair Rohde의 **A Garden of Herbs**는 원래 1936년에 출판되었지만 1969년에 Dover에서 재인쇄되었다. 이 책은 화려한 민속학, 역사 그리고 레시피들로 가득 차 있다.

마이클 조단Michael Jordan의 **Plants of Mystery and Magic, A Photographic Guide**(Blandford, 1997)는 다른 곳에서 언급되지 않은 일부 식물에 대한 좋은 참고 자료를 제공했다. 또한, 유감스럽게도 익명인의 **Plant Folklore Pocket Reference Digest**(Geddes and Grosset, 1999)도 동일한 역할을 해 주었다.

빌 로우스Bill Laws의 **Spade, Skirret and Parsnip**(Sutton, 2004)은 이상한 채소 관련 정보에 대한 훌륭한 참고 자료였다. 한편, 브리짓 보랜드(Brigit Boland)의 **Old Wives' Lore for Gardeners**와 **Gardener's Magic and Other Old Wives' Lore**(Bodley Head, 1977)는 정말 이상한 것들에 대해서는 좋은 자료이다. 니얼 맥 코이티르Niall Mac Coitir의 **Ireland's Wild Plants: Myths, Legends and Folklore**(The Collins Press, 2015)는 매혹적인 읽기 자료이다.

니콜라스 컬페퍼Nicholas Culpeper의 **Herbal**은 많은 판이 나와 있다. 이것은 정말 중요한 '기본' 허브 책으로, 이것이 없었다면 이 책을 제작하기 어려웠을 것이다. 존 제라드John Gerard는 약간 악당 같은 부분을 가진 캐릭터일지 모르지만 그의 이름을 딴 **Herball**은 여전히 매우 유용하다.

벤 에릭 반 위크Ben-Erik van Wyk과 마이클 윙크Michael Wink의 **Medicinal Plants of the World**(Timber, 2004)는 매우 유용한 참고 자료였으며, 리차드 메이비Richard Mabey의 화려한 **Flora Britannica**(Sinclair-Stevenson, 1996)도 또한 귀중한 자료였다.

나는 지역 이야기부터 전 세계의 다양한 주제에 대한 일반 민속학 서적을 많이 참고했다. 미신과 관련된 두 권의 고전, E & M.A. Radford의 **Encyclopedia of Superstitions**(Book Club, 1961)와 스티브 라우드Steve Roud의 환상적인 **Penguin Guide to the Superstitions of Britain and Ireland**(Penguin, 2003)는 매우 멋진 자료이다. 스티브 라우드Steve Roud의 **The English Year**(Penguin, 2007)도 마찬가지로 훌륭한 독서 경험을 제공한다.

이미지 출처

아래와 같은 몇 가지 예외를 제외하고 대부분의 이미지는 큐 왕립 식물원 아카이브 컬렉션에서 재생산되었다.

Alamy: Charles Walker Collection 42-43; /Classic Image 62; /Heritage Image Partnership 87, 153; /Les Archives Digitales 4-5, 6, 20, 34, 58, 76, 96, 127, 134, 146, 149, 168, 179, 194; /Pictorial Press 103, 178; /Science History Images 64, 99; /World History Archive 140

Bridgeman Images: Bibliotheque Nationale, Paris, France 83; /British Library Board. All Rights Reserved 139

Getty Images: Culture Club 172; /Prisma/UIG 39

Public Domain: 14, 38, 104, 174

Wellcome Library: 37, 48, 49

출판사 Welbeck Publishing과 엣눈북스는 각 이미지의 출처 또는 저작권 보유자를 모두 명시하려고 노력하였다. 하지만 혹 발생한 오류나 누락이 있다면 사과드린다. 이러한 오류는 향후 재판에서 정정될 것이다.

인덱스
수록 식물 목록

마녀의 정원 The Witch's Garden

초판1쇄 인쇄일	2023년 10월 05일
초판 2쇄 인쇄일	2024년 07월 25일
저자	샌드라 로렌스 Sandra Lawrence
번역	김지영
펴낸곳	atnoon books
펴낸이	방준배
편집	정미진
디자인	개미그래픽스
교정	엄재은
등록	2013년 08월 27일 제 2013-000257호
주소	서울시 마포구 연남로 30
홈페이지	www.atnoonbooks.net
유튜브	atnoonbooks0602
인스타그램	atnoonbooks
연락처	atnoonbooks@naver.com
FAX	0303-3440-8215
ISBN	979-11-88594-27-6 03480
정가	24,500원